U0840843

曾子 名参，字子舆，春秋时期鲁国南武城人。生于公元前 505 年，与其父曾点（字子皙）同为孔子著名弟子，少孔子 46 岁。卒于公元前 435 年。16 岁拜孔子为师，勤奋好学，颇得孔子真传。他的“修齐治平”的政治观、“省身慎独”的修养观、“以孝为本”的孝道观影响中国社会两千多年，至今仍具有极其宝贵的社会意义和实用价值。曾子是孔子去世后儒家思想的主要传承者，上承孔子之道，下开“思孟学派”，曾子在儒学发展史乃至中华文化史上均占有重要的地位。被后世尊奉为“宗圣”。

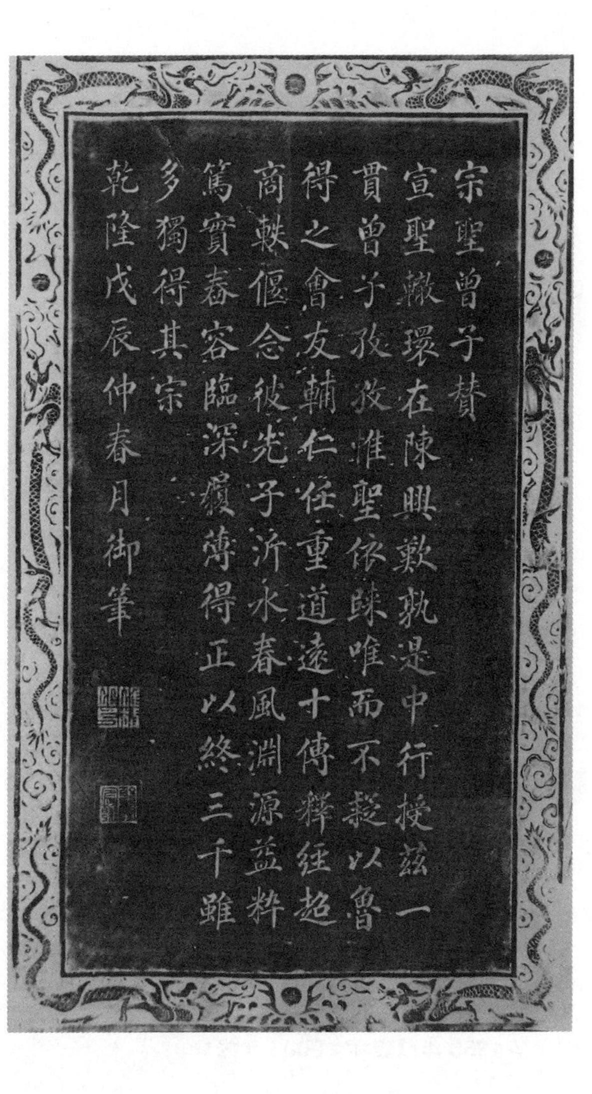
宗聖曾子賛

宣聖轍環在陳興歎孰是中行授兹一貫曾子孜孜惟聖依睞唯而不疑以魯得之會友輔仁任重道遠十傳釋经超商軼偃念彼先子沂水春風淵源益粹篤實春容臨深履薄得正以終三千雖多獨得其宗

乾隆戊辰仲春月御筆

《宗圣曾子赞》为清高宗乾隆皇帝爱新觉罗·弘历御笔。乾隆十三年（1748），清高宗御书“宗圣”曾子赞，派官员到山东嘉祥曾庙祭曾，将乾隆御笔刻石立碑。乾隆御碑原存于三省堂内，乾隆四十九年（1784）曾子六十九孙世袭翰林院五经博士曾毓尊迁立于宗圣殿正前方，并建亭保护。乾隆御碑亭1966年遭破坏，2003年修复。

孝道离我们有多远

《孝经》与幸福人生

杨汝清 著

中国纺织出版社

内 容 提 要

《孝经》是儒家典籍中最早以“经”命名的书，西汉时期汉文帝设立《孝经》博士,《孝经》列为国子必读之书。南宋以后被列为“十三经”之一。几乎每个朝代都强调“以孝治天下”，在今天，不论是企业高级管理者，还是对国学经典感兴趣的普通人，皆应先“修身”而后方可“齐家、治国、平天下”。本书结合现实，深入讲述以“孝”为代表的中国文化：向下，将“孝”细化为亲切可行的生活方式和情感皈依；向上，展现大孝大爱的广博与深沉，诠释大孝人生的充实与幸福。本书引领读者从行孝开始“修身”，然后一步步走向更为广阔的儒家文化天地。

图书在版编目（CIP）数据

孝道离我们有多远:《孝经》与幸福人生 / 杨汝清著. -- 北京：中国纺织出版社，2017.5（2022.8 重印）
ISBN 978-7-5180-3251-8

Ⅰ. ①孝… Ⅱ. ①杨… Ⅲ. ①家庭道德—中国—古代②《孝经》—译文 Ⅳ. ① B823.1

中国版本图书馆 CIP 数据核字（2017）第 019323 号

策划编辑：李　猛　　责任编辑：李　猛　　责任印制：储志伟

中国纺织出版社出版发行
地址：北京市朝阳区百子湾东里 A407 号楼　邮政编码：100124
销售电话：010 — 67004422　传真：010 — 87155801
http: //www.c-textilep. com
E-mail: faxing@c-textilep. com
中国纺织出版社天猫旗舰店
官方微博 http://weibo.com/2119887771
佳兴达印刷（天津）有限公司印刷　各地新华书店经销
2017 年 5 月第 1 版　2022 年 8 月第 3 次印刷
开本：710 × 1000　1/16　印张：17
字数：167 千字　定价：43.80 元

岁月如刀，收割了青芜和生涩；时光如砥，磨砺出圆融与沧桑。本书是拙作《〈孝经〉与成功人生》的修订版，但却不仅仅订正了原版的舛误和疏漏，更加增补了五年多来的思考和沉淀，调整了侧重的方向和角度。尽管依旧不尽如人意，但愿为《孝经》的读者和修习者提供一条比较可信的儒学之路。于笔者而言，更是一次思想和学术的深化和总结。活到老，学到老，相信未来的一天，此书还会再度蜕变，以更接近儒家思想本源的面目呈现给诸位大方。

谨此为誌！并感恩我的父母、妻儿、兄弟。

序言

孝是每个人心中最为纯真质朴的情感，也是每个人德行成就的根本体现，这种情感亘古至今、历朝历代都一直被人们所推崇。孝在各种文化思想、诸多宗教教义中都有体现，但大多择焉而不精，语焉而不详。将这种情感升华为一种形而上的道，并全面系统进行阐述和弘扬的，只有儒家。

孔子作为儒家思想的集大成者，不仅对前代的思想精华予以全面总结和继承，也在礼乐思想的基础上，将孝道思想予以具体而微的阐述，并在其晚年将之授予高徒曾子，从而为我们留下了一部熠熠生辉的不朽经典——《孝经》。

这是一部有完整体系的儒家经典，也是儒家诸多经典中唯一一部有完整体系的著作。《孝经》由抽象而具体，由高明而精微，对孝道思想及其落实于社会和人生的价值和意义做了条分缕析的揭示。为了能够让读者循序渐进、由浅入深地学习和体会，本书首言孝行之别，阐明行孝立身，析言孝与不孝；次辨孝行之理，分疏五等之孝，申论敬忠之义，详辨谏诤愚顺，厘定丧亲之节；再及大孝之功，发微孝治圣治，探幽天人感应；终于开宗明义，彰显要道至德。

东汉经学大师郑玄（康成）注《孝经序》有：

《孝经》者，三才之经纬，五行之纲纪。孝为百行之首；经者，不易之称。

他注《中庸》“大经大本”时则进一步明确：

大经谓“六艺”，而指《春秋》也；大本,《孝经》也。

并在其《六艺论》中进一步申言：

孔子以“六艺”题目不同，指意殊别，恐道离散，后世莫知根源，故作《孝经》以总会之。

由此确定了《孝经》在儒家经典中“总会六经”的重要地位。

汉人推尊《孝经》，更重视孝道的现实意义，汉文帝“开延道德，……《论语》《孝经》《孟子》《尔雅》皆置博士”。（东汉赵岐《孟子题辞》）在废除了秦朝的暴政之后首倡孝治天下，并因缇萦救父的孝心之举废止肉刑。而且两汉的皇帝除了汉高祖刘邦和东汉光武帝刘秀之外，谥号前均冠以“孝”字，如“孝惠帝”“孝文帝”“孝景帝”“孝武帝”……足见汉皇室对孝道的推尊，更为汉代“以孝治天下”做了最好的注脚。

汉代也多以《春秋》《孝经》并称。据此，当时之人也多认为《孝经》为孔子所作。

鲁相史晨《奏祀孔子庙碑》云：“（仲尼）乃作《春秋》，复演《孝经》。”

鲁相乙瑛《奏置孔庙百石卒史碑》也有“孔子作《春秋》，制《孝经》”的说法。

以上二说盖以《诗》《书》《易》《礼》为孔子所编订，而《春秋》《孝经》乃孔子所作。

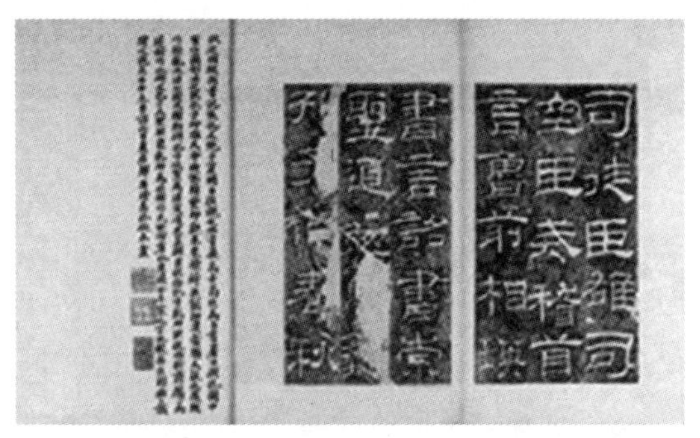

汉代的纬书《孝经纬·钩命决》也记载：“孔子在庶，德无所施，功无所就，志在《春秋》，行在《孝经》。以《春秋》属商，《孝经》属参。”又说：“孔子云：‘欲观我褒贬诸侯之志，在《春秋》；崇人伦之行，在《孝经》。’”

《汉书·艺文志》记载：“《孝经》者，孔子为曾子陈孝道也。”这一表述中隐含着《孝经》为孔子所述、曾子所记的观点。

后世因此就《孝经》的作者问题聚讼纷纭，至今尚无定论。但从《孝经》的思想及其行文风格而言，可以认定其为孔子的思想，最早由曾子所记，之后又经过后世弟子的加工整理，在汉代之前就基本定型了。但和其他儒家经典一样,《孝经》在汉代也出现了“今古文”之争，有《今文孝经》和《古文孝经》两个版本系统。

无论《孝经》的作者是谁，其在儒家典籍中的地位之重要和对后世产生的影响之大是毋庸置疑的。在战国时期就受到高度重视，魏文侯亲自为《孝经》作注，其后历代注疏共计约五百家，其中就有唐玄宗、清世祖（顺治）、清世宗（雍正）等皇帝的御注。后世最为流行的《孝经》的注疏本就是唐玄宗的御注，这个注本也被后世选入《十三经注疏》中作为《孝经》的权威注本。

《孝经》之所以一出现就被称为经，依据的是《汉书·艺文志》中的观点:“夫孝，天之经，地之义，民之行也。举大言者，故曰《孝经》。”从这句话我们可以看到,《孝经》之所以被称为《孝经》，是对“天之经”和“地之义”这两个概念的约称。

西汉时期《孝经》就被列为官学，由专门的博士讲授；到东汉后期,《孝经》就取得了经典的地位，并在后世成为儒家“十三经”中的一部，备受推崇。

今天，我们将视野再度聚焦于这部影响中华文明数千年的儒家经典，其价值与意义，对当代法治思想和社会结构的重建，都是非凡而独特的，笔者写此书，愿为此一伟大思想的回归、重构，略效芹曝之诚。

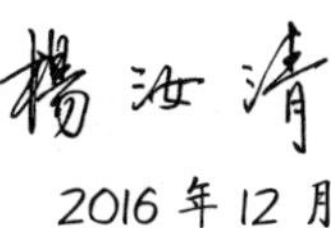

2016年12月

目录

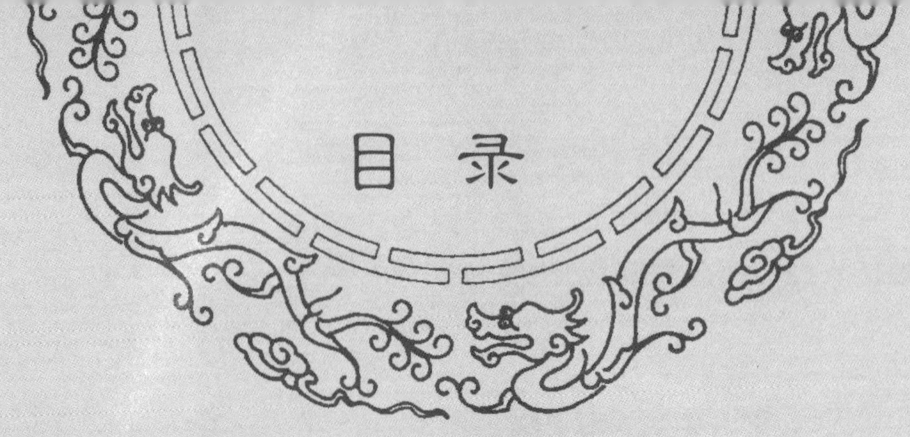

目录

第一章 孝子之行

1 成为孝子的五个条件

孝，是子女对父母的感恩，是人类最普遍、也最朴素的情感。

正如唐代诗人孟郊《游子吟》中所说：“谁言寸草心，报得三春晖。”父母在我们生命之初为我们的无私付出，我们是难以回报的。

在民间，百姓也通过自己日常所见的“羔羊跪乳”“乌鸦反哺”的现象来教育子女要懂得尽孝。

故而，从孔子创立儒家学派伊始，就将孝作为儒家的核心价值，给予了高度的重视，并将其作为儒家诸多核心价值的原点。

《孝经·纪孝行章第十》中对孝子之行进行了细致入微的

描述：

子曰："孝子之事亲也，居则致其敬，养则致其乐，病则致其忧，丧则致其哀，祭则致其严。五者备矣，然后能事其亲。事亲者居上不骄，为下不乱，在丑不争。居上而骄则亡，为下而乱则刑，在丑而争则兵。三者不除，虽日用三牲之养，犹为不孝也。"

这里的"五备"和"三除"具体而明确地告诉我们，在日常生活中什么样的行为才能称为孝。这是孝行的具体表现，也是孝与不孝的分界线。

我们只有做到了如下五方面，方能称为一个孝子：

居则致其敬——日常生活中，要表达出对父母的恭敬。

养则致其乐——供奉饮食时，要表达出照顾父母的快乐。

病则致其忧——父母生病时，要表达出对父母健康的忧虑。

丧则致其哀——父母去世时，要表达出天人永隔的悲伤哀痛之情。

祭则致其严——祭祀父母时，要表达出事死如事生的追慕怀念之情。

首先要在和父母的共同生活中注意自己的一言一行，让父母感受到子女无微不至的关怀。

儒家思想的根本要求就是要人心存敬意。《礼记》开篇就讲“毋不敬”。对人、对事、对天地万物，都要心存敬意，如此方可成就君子之德。敬是一个人内心的道德修养以及这种修养的具体外化。遇事待人心存恭敬，神态必然端庄，说话自然和气，如果为君者、在上者人人都能这样严格要求自己，自然也就能安定民心了。

这种敬意反映在孝亲上，就是“居则致其敬，养则致其乐，病则致其忧，丧则致其哀，祭则致其严”。也就是要求我们要给予父母无微不至的关怀，要求每个人时时刻刻都能够对父母心存敬意。这并非刻意的安排或人为的要求，而是对有孝心的子女发自内心的情感流露的真实描述。只有时时刻刻将父母放在心上的人才可能做到这“五备”。

这让我想起孔子在回答学生孟懿子问孝时的一段话：

> 孟懿子问孝。子曰：“无违。”樊迟御，子告之曰：“孟孙问孝于我，我对曰‘无违’。”樊迟曰：“何谓也？”子曰：“生，事之以礼；死，葬之以礼，祭之以礼。”
>
> 《论语·为政第二》

有一次，孟懿子去问孔子什么是孝。孔子告诉他说，孝就是不要违背。但孔子的回答是十分笼统和含糊的。这样回答是因为在孔子的弟子中孟懿子是十分特殊的一个。他是当时鲁国的执政大夫“三家”中的孟孙氏，是有记载的孔子学生中身份最高的贵族。他之所以成为孔子的学生是因为父亲的遗命。司马迁在《史记·孔子世家》中记载，鲁国执政大夫孟釐子在临终前，郑重地要求儿子孟懿子拜当时年仅 17 岁的孔子为师，理由是孔子以知礼著称，而且是圣人之后——孔子的远祖是商汤。孟釐子是独具慧眼的，否则不会在保存周公之礼最为完备的鲁国为自己的继承人选择尚未成年的孔子为师。但孟懿子显然并未将父亲的遗命时刻记在心中，向孔子学礼但却没有真正守礼。当孔子依礼对季孙氏的费邑、叔孙氏的郈邑、孟孙氏的郕邑超越规制的城墙进行整改的时候，其他两家知道自己的城墙越制都配合了孔子的行动，只有郕邑的邑宰公敛处父在孟懿子的默许之下进行了抵制和对抗，使得孔子的"堕三都"功败垂成。面对这样一个特殊的弟子，孔子既要考虑他的身份和德行，又希望他明白自己错在哪里，所以在他问孝的时候孔子仅仅告诉他"无违"二字。

但是在孔子外出，樊迟为他驾车时，孔子却破天荒地主动对樊迟谈起孟懿子问孝和自己的回答。作为孔子弟子中比较鲁钝但勤学好问的樊迟马上就追问"无违"是什么意思。于是孔子给他解释说，在父母活着的时候，要按照礼仪来侍奉他们；在他们去世之后，要按照礼仪来安葬他们，按照礼仪来祭祀他们。

孔子在这段对话中对孝做了一个形象而具体的描述：

> 真正的孝子，不论自己的父母在世还是去世，都要用一颗诚敬的心去做好生、养、死、葬的每一件事情，而且要依礼而行。

这与上面我们讲到的《孝经·纪孝行章》中的思想无疑是

一脉相承的。

这既是孔子对“无违”的理解，也是他要通过樊迟之口告诉孟懿子的答案。这种委婉曲折的教育方式真正体现了孔子的因材施教和对弟子的理解和尊重，同样也委婉地表达了对孟懿子不守礼、不尊师的行为的批评。这才是孔子的用心所在。

其次是在孝养父母时在自己的心中时时都要感到无比的开心和快乐。

“养则致其乐”的表述不是针对父母而言的，而是从孝子的内心世界出发的。正如《论语》中的一句话：

> 子曰：“父母之年，不可不知也。一则以喜，一则以惧。”
>
> 《论语·里仁第四》

这是在告诫我们要常知父母之年，既要喜其寿，又要惧其衰。这种心情不需要刻意去提醒，只要是真正有孝心的人是情难自已的。所以我们要无比珍惜和父母在一起生活的时光。就像孟子所感慨的那样：

> 君子有三乐，而王天下不与存焉。父母俱存，兄弟无故，一乐也；仰不愧于天，俯不怍于人，二乐也；得天下英才而教育之，三乐也。君子有三乐而王天下不与存焉。
>
> 《孟子·尽心上》

父母健康长寿，随时可以孝养是子女的福分，更是子女的幸福，即使“王天下”这样的不世之功业也无法与其相提并论。这就是儒家对待孝的态度，更是将父母之爱和对他人之爱明确予以区别对待，丝毫不做作，不虚伪。

在孝养父母方面，古人还特别重视两件事情：“冬温而夏凊，昏定而晨省。”（《礼记·曲礼上》）这是儒家的“为人子之礼”，是对“五备”思想的深化和细化。其基本出发点并非仅仅是要孝子依时看顾父母，更在于让孝子能够尽己之心去观察父母每一天的身体变化，以便全面细致地了解父母的健康状况，及时采取应对措施，保证父母的健康长寿。在医疗和交通、通信都不发达的古代，严寒和酷暑都很可能让年迈的父母染病甚至延误病情。同样，父母身体的隐疾往往被父母忽略甚至隐瞒，孝子只有通过父母入睡前和起床时体态、气色的细微变化才能观察到平日无法感觉到的病痛疾患，并及时延医问药，方可使父母健康长寿并且尽享天伦之乐。这自然也是孝子的快乐。这种做法，恰恰正是对“一则以喜，一则以惧”的最好的注脚。绝非时下有些不了解传统的人所批评的封建教条，人性枷锁。

再次，还表现在对父母的疾病的高度重视，忧心如焚。

当下的社会现象是很多父母对待子女疾病的重视程度要远远超过子女对待父母疾病的重视。古人在父母生病时，有亲尝汤药、割股疗亲、以身相代的做法，尽管其中不乏愚昧和荒唐的行为，不应提倡，但这种价值取向是在落实孝行孝道，稍加理性引导就会形成良好的社会道德风尚。古人讲“养儿方知父母恩”，当我们为人父母对子女无私付出时，是否想到我们的父母对我们的无私付出呢？当我们因为子女生病而忧心如焚甚至心疼落泪时，是否想过我们的父母也曾为我们忧心落泪呢？当我们想到这些时是否心怀感恩和愧意，在父母生病时用心去感受父母的痛苦并为他们分忧解愁呢?《诗经·小雅·蓼莪（lù é)》形象地描绘了我们永远也无法完全报答的父母恩：

> 父兮生我，母兮鞠我。拊我畜我，长我育我，顾我复我，出入腹我。欲报之德。昊天罔极！

诗中对父母的孝心孝道溢于言表，读之令人潸然泪下。

最后，在父母永远离开我们之后更要时时心存怀想，依时祭奠，以充分表达子女的哀恸和思念。

《礼记·玉藻》中形象地描绘了孝子在父母去世后的孝心孝行：

> 父没而不能读父之书，手泽存焉尔。母没而杯圈不能饮焉，口泽之气存焉尔。

父母虽然永远离开了人世，但在孝子心中，父母留下的每一样物品都是我们追忆怀念的无价之宝。哪怕就是父亲留在书上的一丝指尖的汗水，母亲留在杯口的一点唇边的口水，对孝子来说都是无上的珍宝，需要精心呵护。

具体到丧葬和祭祀，这种天人永隔的追念之情尤为痛切。故而内心的哀伤无以复加。但在《孝经·丧亲章第十八》中也明确规定了“毁不灭性”的原则，也就是要求孝子在丧祭之中依然要节制自己的哀毁之情，而不是任其发展迷失本性。这是对孝子道德修养的考验，也是在落实孝道孝德时持守“喜怒哀乐发而皆中节”“无过无不及”的中和思想的具体表现。

2 养父母的三个层面

以上是子女孝行从生养到死葬的全过程。只有将这五个方面全面落实，才能称得上是孝子之行，缺一不可。因为这个过程体现着子女对父母发自内心的孝敬和尊重，而且是真正具备良好的道德水平的人才能够持之以恒地完成的孝行。我们对照一下《礼记》中的相关描述便可清楚地看到这“五备”的难能可贵：

> 众之本教曰孝，其行曰养。养可能也，敬为难。敬可能也，安为难。安可能也，卒为难。父母既没，慎行其身，不遗父母恶名，可谓能终矣。
>
> 《礼记·祭义》

在孝养父母的具体行为方面，一个具备基本孝心的人做到依时供养父母不难，难的是心存敬意。一时地敬重父母也容易实现，难的是让父母时时安心。父母在世时念念不忘让父母安享天伦之乐也并非不可做到，难的是在父母老去后依然敬字当头，谨言慎行，修身立德，不会因为自己的失德而留下骂名辱及父母。这才是更高层次上的孝养。《中庸》中也强调："事死如事生，事亡如事存，孝之至也。"

《礼记·祭义》中记载了曾子对孝的具体描述：

曾子曰："孝有三：大孝尊亲，其次弗辱，其下能养。"

这是孝的三个层次，最高层次就是尊亲——发自内心地对父母的尊重以及因自己的行为使父母得到他人由衷的尊重。

这里的尊亲即我们刚刚讲过的通过"无违""昏定晨省"所体现的对父母须臾而不能离的敬意、孝心。

此外，我们还必须要明白，真正的孝行不仅仅表现在对父母的生养死葬方面，还表现在对人对事的态度上。因为儒家所讲的孝道是一个人道德成就的全部，所以，孝行也就不仅仅体现在"五备"这五个方面，还表现在以下"三除"这三种情形：

居上不骄，为下不乱，在丑不争。

处在上位时要有庄敬之心，不可骄慢无礼；居于下位时要有恭谨之心，不可犯上作乱；与众相处时要有谦让之心，不可争名夺利。这些做法一则是对他人的尊重，更重要的，这是对自己道德的完善和坚守，同时也是对父母的孝敬。

同样，这种做法不仅能够让自己获得他人的广泛认同和尊重，更是使自己的父母、亲人也得到他人同样甚至更高的尊重的主要表现：

他人会赞美你的父母教子有方，进而效法，也会出于对你的礼敬而更加礼敬你的父母。

民间有一句俗语叫作“三十年前看父敬子，三十年后看子敬父”。

这句话反映的就是“尊亲”的思想。在我们还是小孩子的时候，有很多人可能都曾经以父母为荣。那么当我们长大成人之后，就有责任和义务让父母也以我们为荣。当你的父母走在大街上，听见路人用羡慕和尊重的语气说，这就是某某某的爸爸妈妈，他们的心里一定会很快乐，这不是虚荣心的问题，而是大孝尊亲的一种具体表现。对此，《礼记·祭义》中也有明确的表述：

> 君子之所谓孝也者，国人称愿然曰：“幸哉，有子如此！”所谓孝也已。

另外，古时人们所追求的光宗耀祖、封妻荫子以及身后哀荣也都是尊亲思想的表现。“尊亲”是孝的最高表现，儒家思想中其他的价值观念，可以说无一不是为落实孝道而作的。

这是孝的最高表现，却是我们当前理解孝德孝行所普遍忽略的地方。儒家思想中的其他价值观念，无一不是从此而衍生的。所以《礼记》中才会明确：

> 仁者仁此者也，礼者履此者也，义者宜此者也，信者信此者也，强者强此者也。乐自顺此生，刑自反此作。
>
> 《礼记·祭义》

相反，一个孝子绝对不该做的三方面：

> 居上而骄；为下而乱；在丑而争。

如果我们在这三方面没有做好的话，不仅会给自己带来杀身之祸，而且会让自己的父母感到羞愧，甚至还会给父母带来灾祸。因为在中国古代，罪行的株连结果是十分严重的，一个人一旦获罪，他的父母一定会受到株连。

所以说："居上而骄则亡，为下而乱则刑，在丑而争则兵。"

身居高位而骄傲恣肆，就会自取灭亡；为人臣下而犯上作乱，就会受到刑罚处罚；在与人交往相处中争斗不休，就会导致大动干戈，相互残杀。

这样的行为必然违背了《礼记·祭义》中所言的"其次弗辱"。让父母因自己的行为而受辱，这依然是不孝的行为。

所以孔子说："三者不除，虽日用三牲之养，犹为不孝也。"意思是如果这三种会给父母带来灾祸的行为不能去除，即使每天都用备有牛羊猪三牲的美味佳肴奉养双亲，那也一样是不孝！

这是孝道的第二个层面，由此也可以看到，我们在现实当下的一举一动、一言一行，无不在某种程度上体现了对父母的孝。

假如说，你在学校不但不好好学习，而且还经常打架斗殴，会不会有人在你父母的背后指指点点，说这就是某某人的爸爸妈妈？你在工作单位不但不努力工作，而且还经常酗酒赌博，生活糜烂，整日歌舞升平，会不会有人指责你的父母教子无方？当然会，一定会的。

至于说第三个层面“其下能养”，在衣食口体方面赡养父母，就等而下之了。

孔子说过：

> 今之孝者，是谓能养。至于犬马，皆能有养。不敬，何以别乎？
>
> 《论语·为政第二》

如果在赡养时心中没有对父母的尊敬，那么赡养父母的行为与饲养狗和马的行为又有什么本质上的区别呢？

3 “养口体”与“养志”之别

在“能养”的层面，孟子进一步细化到对于“养口体”和“养志”的深度判别：

曾子养曾皙，必有酒肉；将彻，必请所与；问有余，必曰："有。"曾皙死，曾元养曾子，必有酒肉；将彻，不请所与；问有余，曰："亡矣。"——将以复进也。此所谓养口体者也。若曾子，则可谓养志也。事亲若曾子者，可也。

《孟子·离娄上》

曾子在奉养他的父亲曾皙的时候，每顿饭一定要给父亲准备酒肉，等到吃完收拾的时候，一定会问父亲应该怎么去处理。当父亲问到还有没有多余的酒肉的时候，他一定会说有多余的。

等到父亲曾皙去世以后，他的儿子曾元开始奉养他，做法和他当年奉养父亲从形式上看差不多，每顿饭必有酒肉。但是在撤下酒肉的时候，曾元却不再征求父亲曾子的意见。而且，当曾子问他还有没有多余的酒肉的时候，他会说没有了。曾元为什么这样做？因为家里的经济条件始终都不太好，他希望能够把剩下的东西留给父亲下一顿继续享用。

对于这两种情况，孟子的评价是——曾子养曾皙是"养志"的做法，而曾元养曾子是"养口体"的做法。

这两种做法从表面上看差别并不是很大，但是在体察父母之心和表达自己孝心的诚敬上却有着天壤之别。因为曾子在赡养父亲的时候，他是完全出于对父亲的尊重和敬意，当父亲问他是否还有多余的食物时，一定是希望能够把剩余的那些分给自己的晚辈或者其他人。曾子不愿意违逆父亲的心愿，所以说即使在物资比较匮乏的时候，他仍然还是要顺从父亲的意愿，告诉他还有多余的酒肉，问父亲希望怎么处理，听从他的安排。

等到曾元养曾子的时候，却改变了这样的做法，他只是单纯地希望给父亲留出下顿饱腹的食物，因为他仅仅注重了赡养的外在形式，而父亲的内心所渴望的对家庭的主导权和支配权却被他忽略了。在现实生活中，这种做法往往会让父母感到因为年老体衰，自己对家庭除了增加负担之外已经没有任何价值，进而产生消极厌世的情绪，这对高龄父母的健康和快乐而言是大忌。

因此，孟子称许曾子的做法："事亲若曾子者，可也。"这种做法体现于对父母的尊重和体贴，虽然还在"养"的层面上，并未真正上升到孝道的高度，但其价值和意义在社会教化中所起的作用却是无比重要的，同时也是与"养口体"的孝行有着本质的区别。

这不仅仅是我们判断古人如何行孝的标准和依据，同样是我们当代人真正了解儒家的孝道思想并用这种思想对待父母时必须要厘清的一个重大关节。

"能养"这个层次的孝，在孝行中是排在最后的。在春秋时期就已经出现了对孝行仅及于此的肤浅认识，并受到孔子的严厉批评和指正。历经两千五百多年的风雨，当今社会依然有很多被他人称作孝子的人也都只是做到了这一层，这是时代的不幸，也是传统的不幸、文化的不幸。当然，能够认识到这一点，说明我们尚有可取之处。可悲的是，还有相当多的人连这一层次的孝都没有做到，还有许多的老人老无所养、老无所终，孤苦无依地流浪在街头巷尾，靠乞讨为生，这就不能不说是我们这个时代和文化的大不幸了。

关于这一点，再举一个孔子学生的例子——"二十四孝"中的子路“百里负米”。

子路是鲁国人，姓仲名由，在孔子的学生里边，以谙熟政事而著称。当时孔子以及其他人对他的评价是伉直鲁莽，喜好勇力，而他在日常行为之中，最重要的表现就是事亲至孝。在孔门高弟中与曾子、闵子骞同样以孝而著称。

元代郭居敬在其《二十四孝·百里负米》中这样记载：

> 周仲由，字子路。家贫，常食藜藿之食，为亲负米百里之外。亲殁，南游于楚，从车百乘，积粟万钟，累茵而坐，列鼎而食，乃叹曰：“虽欲食藜藿，为亲负米，不可得也。”

《二十四孝》是元代的郭居敬从历史上留下的大量孝子故事中精选并编写的二十四个孝子行孝的故事，将真实的历史故事用寓言的方式改编和描写，是明清以来直至今日宣扬孝道最著名的通俗读物。

《百里负米》重点强调了子路在家贫的时候，每天靠吃野菜充饥，但是他却能够从百里之外背回来精美的大米给父母吃。后来他的父母去世了，子路在楚国获得了很高的地位。每天出行时随从的车马有百乘之多，府中所积的粮食有万钟之多，坐在垒叠起来的舒适的坐垫之上，吃着丰盛的美味佳肴。如此高的身份和地位，如此优越的生活条件，子路的心中却没有丝毫欣慰和快乐，他经常感叹自己即使想再吃那些难以下咽的野菜，而为父母从百里外背米回来却已经永远都做不到了，“子欲养而亲不待”，人生最大的遗憾莫过于此。

子路百里负米，从表面上看是一种赡养父母的行为，是我们刚才提到的“能养”的表现，但是他在极端贫困的生活条件下，能够尽己所能地为父母提供最好的生活条件，这不能不说是用心尽孝的表现，从而也就达到了最高层次的孝——大孝尊亲。所以说他已经超越了“能养”的层次，实则达到了“大孝尊亲”的层次。

同样，在他功成名就、锦衣玉食的时刻依然慨叹希望再回到过去粗茶淡饭为亲负米的生活中。这也正是《礼记》所说的“卒为难”。子路的所作所为正是孝亲的典范。

孟子说：“事孰为大？事亲为大。”（《孟子·离娄上》）父母对我们有生养之恩，我们每个人都曾是“子生三年，然后免于父母之怀”。（《论语·阳货第十七》）而我们所能回报于父母的，只有尽己所能，让父母无忧。因此，我们每一个人都应该认真地想一想，我们能够为自己的父母做些什么？能够为他们提供些什么？

同时，前面已经提过，但这里还是要着重强调——

我们一定要牢记父母的年龄，“一则以喜”，我们应该感到高兴，因为我们的父母仍然健在，我们还能够随时随地奉养他们，同时也能够让他们为我们的每一点进步感到开心，为我们的每一份成绩感到欣慰。

同时我们也要“一则以惧”，因为“人生不满百”，随着我们年龄的增长，父母渐渐老去，我们能够陪伴父母的日子也越来越少了。所以我们一定要好好想想，要如何去做，才能在父母的有生之年尽己所能地为父母提供他们希望得到的，以及我们可以提供的一切。尽心竭力，孝顺双亲，了解父母内心真正需要什么并完成它，不要等到天人两隔的时候，再去追悔，再去痛哭。

《韩诗外传》中记载了这样一个故事：

> 孔子行，见皋鱼哭于道傍，辟车与之言曰："子非有丧，何哭之悲也？"。皋鱼曰："吾失之三矣：少而学，游诸侯以后吾亲，失之一也；高尚吾志，闲吾事君，失之二也；与友厚而中绝之，失之三也。树欲静而风不止，子欲养而亲不待也。往而不可追者，年也；去而不可见者，亲也。吾请从此辞矣。"立槁而死。孔子曰："弟子诫之，足以识矣。"于是门人辞归而养亲者十有三人。

在这个故事中，孔子看到了因失于奉养父母而追悔莫及甚至悲伤过度而昏死过去的皋鱼，并以此告诫自己的弟子要及时孝亲，于是在周游列国途中，便有十三名学生辞别老师归家养亲。这是儒家教育思想的根本所在，也是人伦道德的根本所在。

这里皋鱼所悲叹的"树欲静而风不止，子欲养而亲不待也。往而不可追者，年也；去而不可见者，亲也"也正是任何一个孝子都要深深思考的重要问题。

这是子女永生的遗憾，无可逃避的遗憾。所以我们更要珍惜可以与父母共同生活的点滴时间，让父母尽享天伦之乐，真正地让每个家庭和社会都能够少一些"子欲养而亲不待"的遗憾。

第二章 不孝之罪

1 培固人性中“最初的美好”

孝是诸德之本，孝为百善之先。儒家思想的本质是相信人性之善。正如孟子所说：

> 人之所不学而能者，其良能也；所不虑而知者，其良知也。孩提之童，无不知爱其亲者。及其长也，无不知敬其兄也。亲亲，仁也；敬长，义也。无他，达之天下也。
>
> 《孟子·尽心上》

我们常说“人之初，性本善”。对父母的孝正是人的良知良能，也是人之为人的善端。但本性之善如果不加以培固，人心就会变得麻木不仁，就会遗失人性中“最初的美好”。

不孝是人性的沦丧。

爱亲之心如果不能很好地呵护和引导，子女便会以自我为中心而罔顾父母的感受，甚至遗弃年迈的父母，更为荒唐的还会出现弑父弑母这样大逆不道的行为。

这样的行为时时都在挑战着我们的道德底线：

有因索要钱物未遂而将父亲劈死的；

有因父母管教苛刻而屡次给父母投毒的；

有因琐事口角而砍杀甚至肢解父亲的；

有因怨恨母亲不及时寄送生活费而在机场就手刃母亲的；

……

这样的例子我不愿意更多地列举，更不愿意相信这是已经或正在发生的我们身边的活生生的事件。尽管我一直都相信人性是善良的，但随着孝道教育的缺位和物质欲望的畸形发展，在我们的生活中，泯灭人性、丧尽良知的不孝的行为却比比皆是、触目惊心。

再将不孝的范围扩展开来，我们可以看到更多的不孝不义之举：

有人自杀、溺水时，围观者冷眼旁观甚至冷言刺激；

有人当街受辱时，路人冷漠围观甚至与施暴者狼狈为奸；

交通肇事之后冷血逃逸甚至杀人灭口；

……

诸如此类事件中不仅仅是施暴者的良知泯灭，那些从旁围观的所谓“守法公民”，他们的良知之善在此刻也已经荡然无存。

同样，我们还经常听到，有人因为见义勇为身负重伤，却因得不到他人的及时相助而陷入贫困，甚至也得不到被救助者的感恩和回报，更有甚者反被受助人诬为肇事者而百口莫辩……

进而引发了一个让人无奈的吊诡现象——老人摔倒之后，目击者不是及时伸出援手，而是考虑要不要去帮忙扶起来甚至要不要报警和向医院求助。

通过这些事例不难看到，我们到底遗失了多少人性之善。我们不愿意看到这种种当身的罪恶，但是它却铺天盖地地充斥着我们的网络，充斥着我们的生活，也冲击着我们的神经。人的道德在这个时刻同样也荡然无存。

面对如此不堪的现象，我感到一种深深的哀痛与遗憾。

2 悲剧都是“不孝”惹的祸

我们的华夏之邦，自古都以礼乐文明著称；我们的中华民族，也一直都以勤劳善良而自守。然而，那些曾经让中国人引以为傲的美德——与人为善、守望相助、推己及人……却在我们当下的生活中渐行渐远。此情此景，让人如此尴尬，如此不堪，也无言以对。

这些让人不忍卒闻的事例，如果我们追根溯源的话，应该说都是“不孝”惹的祸。

“不孝”在中国古代属于重罪，在《孝经·五刑章第十一》中这样表述：

子曰："五刑之属三千，而罪莫大于不孝。要君者无上，非圣人者无法，非孝者无亲，此大乱之道也。"

在儒家思想中，孝不仅是道德问题，也是法律问题，更是治理社会的终极手段，因此，不孝便成为最严重的恶行、罪行。《尚书·周书·康诰》中就曾记载："元恶大憝（duì），矧惟不孝不友。"面对这样的恶行，儒家的态度是明确而坚定的：

五刑之属三千，而罪莫大于不孝。

不孝之罪是三千罪行中最严重的罪行，自然应该受到最为严厉的惩罚。这里的"五刑"有别于汉文帝所确定的"笞、杖、徒、流、死"五刑，指的是古代五刑"墨、劓（yì）、剕（fèi）、宫、大辟"，古代五刑中除了"大辟"是死刑之外，其他四种都是严重残损肢体的刑罚。

"墨"是在人的身体上刺字，一般情况下都刺在脸颊或者额头上；"劓"是把人的鼻子割掉；"剕"也称作"刖"，是砍掉一只脚；"宫"是把人的生殖器官割掉。

这四种刑罚和"大辟"都属于对身体和人格的严重侮辱。曾子曾说过："身也者，父母之遗体也。行父母之遗体，敢不敬乎？"（《礼记·祭义》）所以历代的儒家人物，都非常珍惜自己的身体，行孝首先要保证自己的身体不受如此的侮辱。

在汉文帝废除肉刑之前，所有的罪犯无论身犯何罪都必须接受这五刑的惩罚。而在这许多罪行中，最重的莫过于不孝之罪。当然，反而言之，被处以五刑之一，本身就是不孝。《孝经·开宗明义章第一》所讲的“身体发肤，受之父母，不敢毁伤，孝之始也”便是从这种刑伤的角度而言的。

但如果为了实现更高意义上的孝道，儒者也时刻要有“以身殉道”的准备。

汉代有一位我们熟知的著名人物——司马迁，他曾经身受腐刑，也就是宫刑。当时因为飞将军李广的孙子李陵孤军深入敌后而被匈奴人围困，寡不敌众投降了匈奴。汉武帝因此震怒，朝堂之上几乎都在迎合武帝对李陵的一片声讨，唯有司马迁这个与李陵并无深交的史官却犯颜直谏，为李陵的行为进行辩护，因而触怒汉武帝。后来汉武帝不仅夷灭李陵的三族，也给了司马迁两个选择：死刑或者宫刑。

如果按照正常的选择，一个有气节的儒者，宁愿接受死刑，也不会接受宫刑。但是司马迁因为秉承了父亲司马谈的遗愿，要完成一部“究天人之际，通古今之变，成一家之言”（《报任安书》）的皇皇巨著，尚未完成，所以他选择了宫刑，忍辱含垢以完成父亲的遗愿。

可以说宫刑对司马迁的人生是产生了重大影响的，给他的后世子孙带来的屈辱也是显而易见的。但是，在面临着这样一个人生的重大选择时，司马迁毅然决然地接受了这样的屈辱，目的是要实现父亲的遗愿，完成《史记》这部震古烁今的巨著。可以说此时的司马迁非但没有亏于孝道，反而在人格境界上得到了升华。

同样，当南宋王朝在蒙古人的铁蹄之下风雨飘摇的时候，状元出身的文天祥抱着必死的决心和元军屡败屡战，最终被俘，囚禁于大都三年。面对着元世祖高官厚禄的劝降条件，他大义凛然，不仅写下了千古绝唱《正气歌》，还在临终时刻留下绝笔：

> 孔曰成仁，孟曰取义，惟其义尽，所以仁至。读圣贤书，所学何事？而今而后，庶几无愧！

这种杀身成仁、舍生取义的做法同样也是人格升华、孝道完满的表现。

正如孔子在《礼记·儒行》中对鲁哀公描述儒行时所说的：

> 爱其死以有待也，养其身以有为也。其备豫有如此者。

爱护身体，不会轻言死亡是为了等待着杀身成仁、舍生取义的时刻；关爱健康，调养身体是为了等待着时机成熟时有所作为。这是一个儒者的责任和使命。

因此，真正的儒者是不计荣辱、无惧生死的，但绝不是甘受“嗟来之食”的苟且偷生，也不会“暴虎冯河，死而无悔”式地逞匹夫之勇。在儒家的思想中，无论爱护生命、保全身体，还是直面死亡、甘心受辱，不是非此即彼的绝对选择，而是要依时而辨的，无违于孝道才是最终极的选择。

纵观中国历史，历代的帝王对孝子孝行都大加褒扬，同时也都十分注重对不孝行为的处罚。甚至在汉代，还有这样一件让人匪夷所思的事情。

据《史记·淮南衡山列传》记载，西汉衡山王刘赐的长子刘爽，“坐王告不孝，弃市”。

衡山王刘赐与兄长淮南王刘安密谋造反，结果他的谋反行为败露，无奈自杀。刘赐谋反行为的败露，直接的原因是他的儿子刘爽派人到朝廷自曝家丑举发弟弟刘孝私造镞矢意图谋反。所以在一定意义上来说，刘爽的做法是对国家有利的，作为皇族的一员，是对朝廷有所贡献的。尽管如此，他的结局却是被朝廷以不孝的罪名弃市。这在汉代对贵族来说是最严厉的惩罚——在闹市公开示众并执行死刑，仅仅是因为他的父亲衡山王在谋反前上书汉武帝上告他的不孝行为。

通过这个例子我们可以看到，甚至是事关社稷安危的国之大事面前，孝与不孝依然是评价是非的重要甚至唯一标准，这就是儒家最根本的价值判断。

在汉代对孝道的高度重视之后，历朝历代都将不孝的行为明确为在法律层面上不能得到宽恕和赦免的重罪。北齐的《齐律》中将“不孝”列入“重罪十条”，从此，“不孝”之罪正式入律。其后，隋代文帝颁布的《开皇律》首创“十恶”罪名，对“重罪十条”稍加调整，但“不孝”依然在列，并和“谋反”等重罪一起不可受到国家的特别赦免，所以后世才会有“十恶不赦”的说法。之后历代的法典中都沿袭了“十恶”之罪，并将不孝的行为区分得更加细微和全面。这一思想不仅来自《尚书》中周公对康叔的告诫，也来自有子的观点：

有子曰："其为人也孝弟，而好犯上者，鲜矣；不好犯上，而好作乱者，未之有也。君子务本，本立而道生。孝弟也者，其为仁之本与！"

《论语·学而第一》

由此，我们不难看出，任何一个朝代都把不孝作为家国祸乱的根源。所以孝行一直受到统治者的高度重视，即使仅仅为了统治的需要，不孝的行为也要受到最严厉的处罚。

3 世俗中的五种不孝行为

在儒家思想成为治国的重要思想以后，《孝经》备受历代统治者的青睐。《孝经》如此明确、如此坚定地否定不孝的行为，究其根本，还是希望能够通过孝而实现天下的大治。

《孝经》作为六经总会，是有风向标意义的。同《论语》《孟子》等其他儒家经典相比，《孝经》更加系统、更加集中地论述了孝的思想。

同时，它明确了在诸种罪行中，不孝是最严重的罪行。这种思想在儒家精神成为治国理念之后，更加为统治者所青睐。因为，不孝的行为也不仅仅体现在对父母的态度上，更加体现在为人处世和修身立德上。

孟子曾经感慨过世俗的五种不孝行为：

世俗所谓不孝者五：惰其四支（同"肢"），不顾父母之养，一不孝也；博奕好饮酒，不顾父母之养，二不孝也；好货财，私妻子，不顾父母之养，三不孝也；从（同“纵”）耳目之欲，以为父母戮，四不孝也；好勇斗很，以危父母，五不孝也。

《孟子·离娄下》

以上五者，好逸恶劳、嗜赌贪杯、贪财袒妻、纵欲无度、逞凶生事，都体现在为人处世方面，不孝的行为也是一种社会行为。

同样，还有另外的五种不孝：

居处不庄，非孝也；事君不忠，非孝也；莅官不敬，非孝也；朋友不信，非孝也；战陈（同“阵”）无勇，非孝也。

《礼记·祭义》

以上五种不孝强调的是另外的五种情形：言行举止是否得体大方；事奉国君是否竭尽所能；面对官长是否恭敬守礼；对待朋友是否言而有信；领军打仗是否勇猛向前。这五种行为看似和孝养父母距离更远，但其实质依然是对孝道的践行和坚守。

仁者仁此者也，礼者履此者也，义者宜此者也，信者信此者也，强者强此者也。乐自顺此生，刑自反此作。

《礼记·祭义》

仁、礼、义、信、强、乐、刑……儒家的诸种德目，无一不是为了落实孝道而生。

> 五者不遂，灾及于亲，敢不敬乎？亨（同“烹”）孰（同“熟”）膻芗，尝而荐之，非孝也，养也。
>
> 《礼记·祭义》

这里明确地给我们界定了孝和养的高下不同。如果这五个方面不能做到，必然就会给父母带来灾祸。如此这样的话，即使我们对父母的奉养无微不至，不仅准备精美丰富的食物，甚至还会亲口尝过味道是否鲜美、感受过温度是否适宜后才请父母享用，这种行为仅仅体现为养，而绝非真正的孝。真正的孝是要通过自己的努力让敬意在为人处世的各个方面无时无处不在，让父母因为自己的恭谨彻底免于祸患。

而在《孝经》中，不孝的行为是导致社会大乱的根源。因为不孝，才会出现“要君者无上，非圣人者无法，非孝者无亲，此大乱之道也”。

不孝之人的具体表现首先是“无亲”，不敬父母，极度自我，唯我独尊，甚至将父母视若路人，弃父母于不顾。这种人，本性所应有的善端已经被障蔽，并且这种恶习随着年龄增长而不断加固。这种行为是造成天下大乱的根源之一。

在中国古代，有一个劝善的小故事，叫作“原谷收舆谏父”。

相传原谷是春秋时期陈留人，原谷爷爷年纪大了，原谷的父母厌恶他，想抛弃他。原谷此时 15 岁，好言规劝父亲说：“爷爷生儿育女，一辈子勤劳节俭，哪里有等他老了就抛弃的道理呢？

这是违背道义啊！”父亲不听从他的劝告，做了一辆手推车，把爷爷抛弃在野外。原谷跟随在父亲后面，把小推车收了回来。父亲问：“你为什么收回这不吉利的器具？”原谷说：“等将来你们老了，我就不需要再做这样的器具，因此现在先收起来。”父亲幡然醒悟，为自己的行为感到后悔，于是把爷爷接回来精心赡养。

在这个故事里，我们可以看到，原谷的父亲心中的善端是因为儿子种下的，他抛弃老父的行为，是典型的“无亲”的行为。但原谷却用自己的孝心警示并劝谏了父亲，使他心生悔悟。当然这种悔悟还是基于养儿防老的功利性思想，但它可以在最大限度上实现家庭和社会的和谐与稳定，并对良善的社会道德有示范和教化作用。

孝亲的教育首要重视和落实的应该是家庭教育。“少成若天性，习惯如自然。”（孔子语，见《汉书·贾谊传》）父母在孩子童蒙时期最重要的是要有清醒的教育意识和良好的教育方法。正如朱子《小学》中引宋儒张载张横渠先生的一段话：

> 教小儿，先要安详恭敬。今世学不讲，男女从幼便骄惰坏了，到长益凶狠。只为未尝为子弟之事，则于其亲已有物我不肯屈下。病根常在。又随所居而长，至死只依旧。为子弟，则不能安洒扫应对；接朋友，则不能下朋友；有官长，则不能下官长；为宰相，则不能下天下之贤。甚则至于徇私意，义理都丧，也只为病根不去，随所居所接而长。

这段文字读来感觉与当下社会的诸多人与事何其相似。人同此心，心同此理。如果没有孝亲的教育，便不会有敬长的意识，更不会有敬天下之贤的德行。

不孝的表现其次是“无法”，心中无亲，就不知敬畏，对圣人之言多有微词，这种做法在当下的直接表现就是妄自尊大，甚至“无法无天”。这也是造成社会大乱的原因之一。

在曾经的一次研讨会上听一位专家公开讲：“孟子说过人皆可以为尧舜，我们都读过圣贤书，都可以成为尧舜，成为圣贤。”“孔子也是人，不是神，他一生也就编了几本书，我们都能做得到。”

听过这些话，我哑口无言，心里不知是悲哀还是感慨。

圣贤境界是儒者心头的至高境界，但我们在成就自我的路上必须心存敬畏，经历一番冰霜洗伐，口诵心惟，方可无限接近于圣贤。浅薄无知、无所敬畏、狂妄自大是一定要戒除的。

如果无所敬畏的话，我们就根本无法和圣贤结缘，狂妄自大也无法与圣贤结缘。

> 孔子曰：“君子有三畏：畏天命，畏大人，畏圣人之言。小人不知天命而不畏也，狎大人，侮圣人之言。”
>
> 《论语·季氏第十六》

在孔子看来，君子要懂得敬畏天命，敬畏地位高贵的人，敬畏圣人的言教。我们反躬自省，是否真正懂得敬畏？我们必须要学会用正确的态度面对圣贤。我认为，面对圣贤，我们的态度应该像司马迁那样，“高山仰止，景行行止，虽不能至，然心向往之”。(《史记·孔子世家》)唯有如此，我们才能日就月将，提升道德。

不孝的表现再次是“无上”，在过去就是藐视君长，目无国君，甚至反对、欺凌，进而挟国君之威而成一己之私，更有甚者造成兵连祸结，民不聊生，因此而留下千古骂名。

无亲、无法之人才会成为无上之人，也必然会成为无上之人。因为只有无敬无畏，才敢于赤裸裸地宣称：

> 不能流芳百世，亦当遗臭万年。(桓温)
>
> 宁可我负天下人，不可天下人负我。(曹操)

中国历史上曾经给民族和文化带来深重灾难的党锢之祸、阉宦乱国、外戚专政、手足相残等，无一不由此而起。《孝经》于此已明确指出：“此大乱之道也”，何等睿智、何等深刻！但这些悲剧每一个时代都在重复地上演着，而所有这些行为无一不是由于不孝而产生的。

125年，东汉第七个皇帝汉顺帝即位。外戚梁家掌了权，梁皇后的父亲梁商、兄弟梁冀先后做了大将军。梁冀是一个十分骄横的家伙，他胡作非为，公开勒索，全然不把皇帝放在眼里。

汉顺帝死去的时候，接替他的冲帝是个两岁的娃娃，过了半年也死了，梁冀就在皇族中找了一个8岁的孩子接替皇位，这个孩子就是汉质帝。

汉质帝虽然年纪小，但很伶俐，他对梁冀的蛮横十分看不惯。有一次，他在朝堂上当着文武百官的面朝着梁冀说：“真是个跋扈将军！”梁冀听了，气得要命，当面不好发作，背后一想：这孩子小小年纪就这么厉害，长大了还了得？于是暗暗把毒药放在煎饼里，送给质帝吃。

梁冀害死了质帝，又从皇族里挑了 15 岁的刘志接替皇位，这就是汉桓帝。

汉桓帝即位后，梁皇后成了梁太后，朝政全落在梁冀手里，梁冀更加飞扬跋扈。他为了自己享受，把洛阳近郊的民田都霸占下来，作为梁家的私人花园，里面亭台楼阁，应有尽有。他爱养兔子，在河南城西造了一个兔苑，命令各地交纳兔子。他还在兔子身上烙上记号，谁要是伤害了梁家兔苑里的兔子，就犯了死罪。

梁冀这样无法无天地掌了将近二十年大权，最后跟汉桓帝也闹起矛盾来。梁冀派人暗杀桓帝宠爱的梁贵人的母亲，汉桓帝忍受不了，就秘密联络了单超等五个跟梁冀有怨仇的宦官，趁梁冀不防备，发动羽林军一千多人，突然包围了梁冀的住宅。梁冀慌里慌张得直发抖，等他弄清楚是怎么回事的时候，知道活不了了，只好服毒自杀。

梁家和梁冀妻子孙家的亲戚，有的被处死，有的被撤职。把梁冀的爪牙心腹三百多人全撤了职之后，朝廷上的官员差不多一下子全空了。

汉桓帝没收了梁冀的家产，相当于当时全国一年租税的半数。

但让桓帝始料未及的是前门驱虎，后门进狼。刚刚解决了外戚擅权的重重危害，便又陷入了宦官专权的新的危机中，并直接开启了党锢之祸的大门。

以上种种，都是“无上”惹的祸。“无上”的行为在我们当下的社会中，也有着很大的“市场”。在当下，“无上”的行为主要表现在，身居高位却不能正确对待上下关系，对上级阳奉阴违缺乏尊重，对自己所应负担的职责和权力缺乏敬畏。也表现在错误地理解人人平等和个性自由，忘记了平等和自由必须要受到限制，没有在任何情况下都绝对的平等，也没有漫无目的的随意自由。

在对待父辈、师长、上司的时候，切忌“无上”这种行为。绝不能失却了发自内心的尊重。古人常说“一日为师，终身为父”“父母官”等，一方面是从为师者、为官者的角度给了他们一个身份和义务上的限定——他们要像父母爱子一样去爱学生、爱百姓。另一方面也是对在下位的学生和百姓来说，要有尊师重道、尊君敬长的心态。这样才会实现上下相亲的和谐关系。这种人际关系的设定，看似不平等，但却是最合乎人性的思考和设计。

同样，对不孝之罪的严格惩处，也是基于人性，究其根本，还是希望能通过落实孝道进而实现天下大治。因为在儒家看来：“其为人也孝弟，而好犯上者，鲜矣；不好犯上，而好作乱者，未之有也。”（《论语·学而第一》）

这是对人性之善的呼唤与期待，更是对人性之善的信任和皈依。

第三章 孝子不匮

1 天子之孝，垂范天下

“百善孝为先”，孝道是最基本的道德操守，孝行是最重要的道德行为。但儒家强调“君子思不出其位”。(《论语·宪问第十四》) 即使是尽孝之举，对居于不同地位身份的人也有不尽相同的要求。

这种差别就是礼的精神所在。拥有的地位越高，所要承担的责任越重，对他人的态度也要越恭敬，对礼的奉守也要越严格。所以当我们看到《孝经》将天子、诸侯、卿大夫、士、庶人对待父母的孝做了详尽而明确的区分时，我们感受到的绝不是贵族的特权和对庶人的歧视，恰恰相反，而是对在上位者的责任的强调和对在下位者的最人性化的保护。也就是说这五等之孝的要求是递减的，下位者不要求做到上位者应尽的孝道，但上位者却要做到自己等级以下的所有的孝行。

> 子曰："爱亲者不敢恶于人，敬亲者不敢慢于人。爱敬尽于事亲，而德教加于百姓，刑于四海。盖天子之孝也。《甫刑》云，'一人有庆，兆民赖之。'"
>
> 《孝经·天子章第二》

即使贵为天子，依然要谨言慎行，丝毫不敢被人所厌恶、所怠慢。同时，也不敢厌恶和怠慢他人。这正是尊亲和弗辱中应有之义。天子不是高高在上的，而是通过事亲的爱和敬，以身作则，躬行孝道，使自己成为人民的榜样，以此来教化百姓。"施德教于人，使人皆敬其亲，不敢有慢其父母者，是广敬也。"(《孝经注疏》) 这也是孔子所谓"己欲立而立人"之意。

出于对父母的感恩，天子才会有如此的孝道和孝行；出于对父母的孝敬，天子才会如此推己及人。

夏朝的末代君王桀，所缺乏的正是这样一份修己安人之心。他以太阳自称，国人就唱"时日曷丧，予及女（同"汝"）偕亡"。(《尚书·商书·汤誓》) 天上的太阳啊，什么时候才会死去呢？我们愿意和你同归于尽。故而当商汤兴兵于鸣条之野时，桀众叛亲离，身死国灭。

由此我们可以看出，如果一个人心中没有了孝，他即使贵为天子，也是无法保住天下的。

鉴于这样的历史事实，汉代的天子非常重视孝行。汉文帝正是将孝道落实于自己的行动，才成为一代明君。《二十四孝·亲尝汤药》记载：

> 前汉文帝，名恒，高祖第四子，初封代王。生母薄太后，帝奉养无怠。母常病，三年，帝目不交睫，衣不解带，汤药非口亲尝弗进。仁孝闻天下。

汉文帝名恒，是汉高祖的第四个儿子，最初被封为代王。他的生母是薄太后，并不是皇后，汉文帝在奉养母亲的时候谨守孝道。

他母亲身体不好，经常生病，在他母亲生病的三年当中，汉文帝时时刻刻侍奉在母亲身旁，衣不解带，没有安安稳稳睡过一觉。给母亲熬的汤药如果自己没有亲自尝过，是不会给母亲喝的，他每次都会亲自尝汤药，一方面要看看汤药温度是否合适，另一方面要看看汤药是不是很苦。

他的孝行孝道闻名天下，当时的百姓都受到了他这种行为的感召。

虽身为天子，依然恪守人子的孝心，正是因为这份孝心，文帝在位时大力推行德政，轻徭薄赋，与民休息，在汉初民生严重凋敝的时期，开创了中国历史上的第一个盛世——文景之治；也正是这份孝心，才能够在缇萦救父时感其孝心而废肉刑，改笞刑，体现了人性的关怀。在成全一个孝女的孝心和孝道的同时，也成全了自己作为天子的孝心和孝道。

缇萦是齐地太仓令淳于意的小女儿，淳于意医术高明，因为触犯刑律要被押解到首都长安去执行肉刑，在他被拘捕押解的时候感慨地说，我生了这么多女儿，没有一个儿子，所以我现在面临祸患的时候，没有人能帮忙。

缇萦听到后非常伤心，所以在她父亲被解往长安的时候，她就一直跟随在旁边。一个柔弱的小女孩，凭借着自己的一片孝心，坚持徒步走到长安，并且托人写了一封奏表献给汉文帝。奏表中说，她的父亲为官时廉洁公正，现在虽然触犯了刑律要受到国家的处罚，但却并非因为为非作恶才遭受处罚。如果受到肉刑的处罚，那么他的身体就永远留下再也无法复原的创伤，带着刑伤，将来即使他想改过向善都不可能了。所以她希望汉文帝能够让她代替她的父亲受刑，她愿意进宫当奴婢，为父亲赎刑，让父亲有可以改过自新的机会。

汉文帝看到缇萦的奏表后非常感动，所以决定废除肉刑，改为用竹板进行笞杖之刑。并且根据罪行的轻重，对笞杖之刑的轻重也有所区分。

虽然这种刑罚在后世也带来了一些弊端，但是在当时汉文帝做出这样一个决定之后，确实给了很多人改过自新的机会。大家可以想象一下，在之前施行肉刑的年代，如果一个人走在街上，脸上被刺了字，或者鼻子被割掉了，或者一只脚被砍掉了，大家一看就知道这个人曾经为非作歹受到过国家刑法的处罚，对他必然会产生警惕，甚至敌意，避之唯恐不及。即使这个人有心向善，也没有了机会。但如果将肉刑改为笞杖刑，即使被打过之后，他身体上的伤还是可以得到恢复的，如果悔过自新，很容易被社会和他人所接受。

所以说汉文帝的这一举措是文明的一次巨大进步，使传统的刑罚，由不尊重人、不敬畏人而变为更加合乎人道、人性。而汉文帝之所以能够开创“文景之治”，能够废除肉刑，都源于他的孝心。可以说孝是他的为君之道，同时也是他的为人之道。

这就是“刑于四海”，为天下人做榜样和表率的天子所应具备的孝道和孝德。

章末所引《尚书·吕刑》(因作者吕侯后被改封为甫侯，故后世也作《甫刑》)，既是对天子之孝、天子之德的期待，更是对天子之孝所产生的影响和意义的阐明。不仅仅是在总结全篇，更是揭示了天子的孝具有更大更高的统摄性，下面所言的孝行都源自于天子之孝，他人所要恪守的孝行更是天子也要持守的孝行。

2 诸侯之孝，安身立命

> 在上不骄，高而不危；制节谨度，满而不溢。高而不危，所以长守贵也；满而不溢，所以长守富也。富贵不离其身，然后能保其社稷而和其民人。盖诸侯之孝也。《诗》云：“战战兢兢，如临深渊，如履薄冰。”
>
> 《孝经·诸侯章第三》

诸侯，是天子所分封的各国的国君。此章对诸侯进行劝孝，要求诸侯“在上不骄”“制节谨度”，方可“长守贵”“长守富”“保社稷”。为什么这么说呢？

身居高位但不骄傲自满，那么即使高高在上也不会有倾覆的危险；

俭省节约又能慎守法度，那么即使财富充裕也不会僭礼奢侈。

高高在上而且没有倾覆的危险，这样就能长久地保住尊贵的地位；

财富充裕也不会僭礼奢侈，这样就能长久地守住财富。

先要能够把握住富与贵，然后才能保住自己的国家，这样才能使自己的人民和睦相处。

所以说像诸侯这样身处高位的人，要想消灾免祸、长守富贵、保住国家，就要用“战战兢兢，如临深渊，如履薄冰”的心态来对待自己、约束自己，就像身临深渊唯恐坠落，就像脚踏薄冰唯恐沉沦那样小心翼翼。

古人说：“费用约俭谓之制节；慎行礼法谓之谨度。无礼为骄；奢泰为溢。”身处高位，要想消灾免祸，长守富贵，就要戒除骄奢，谦恭自守，以礼敬之心认真对待身边的人和事。

一鸣惊人的楚庄王便是通过这样的方式得到了人心，得到了富贵，最终成为“春秋五霸”之一。

前613年，楚成王的孙子楚庄王即位，做了国君。晋国趁这个机会，把几个一向归附楚国的国家拉了过去，又订立盟约。楚国的大臣们很不服气，都向楚庄王提出要他出兵争夺霸权。可楚庄王不听那一套，白天打猎，晚上喝酒，听音乐，什么国家大事全不放在心上，就这样窝窝囊囊地过了三年。他知道大臣们对他的作为很不满意，还下了一道命令：谁要是敢劝谏，就判谁的死罪。

有个名叫伍举的大臣，实在看不过去，决心去见楚庄王。楚庄王正在寻欢作乐，听到伍举要见他，就把伍举召到面前，问：“你来干什么？”伍举说：“有人给我猜了个谜，我猜不着。大王是个聪明人，请您猜猜吧。”楚庄王听说要他猜谜，觉得有意思，就笑着说：“你说出来听听。”伍举说：“楚国山上，有一只大鸟，身披五彩，样子挺神气。可是一停三年，不飞也不叫，这是什么鸟？”楚庄王心里明白伍举说的是谁。他说：“这可不是普通的鸟。这种鸟，不飞则已，一飞将要冲天；不鸣则已，一鸣将要惊人。你去吧，我已经明白了。”

过了一段时间，另一个大臣苏从看楚庄王还没有动静，又去劝说楚庄王。楚庄王问他：“你难道不知道我下的禁令吗？”苏从说：“我知道。只要大王能够听取我的意见，我就是触犯了禁令，被判了死罪，也是心甘情愿的。”楚庄王高兴地说：“你们都是真心为了国家好，我哪会不明白呢？”

从此以后，楚庄王决心改革政治，一面把那些奉承拍马的人撤了职，把敢于进谏的伍举、苏从提拔起来，帮助他处理国家大事；一面制造武器，操练兵马。当年就收服了南方许多部落。第六年打败了宋国。第八年又打败了陆浑的戎族，一直打到周都洛邑附近。从此，楚国走上了富国强兵之路。

“在上不骄，高而不危；制节谨度，满而不溢。”这就是身处高位而不骄傲，慎守法度的诸侯之孝。这确乎可以成为在上位者立身处世的箴言。过去的诸侯，由此而可保社稷安定，百姓安居。现在的高官，由此可保为官清正，造福一方。尤其是当下社会中的一些领导，的确需要从这里汲取人生的智慧。唯有如此才会全家安定，一生平安。

在这方面，周公堪称典范，他为我们留下了“一饭三吐哺，一沐三握发”的美谈。

周公姓姬名旦，是周文王的儿子，武王的弟弟。后人也称他为周公旦。周公十分孝顺仁爱，先辅佐武王伐纣，后又辅佐侄儿成王，因为成王年幼，周公摄政。尽管成王年幼，他作为叔父，同时又是摄政大臣实际上行使天子的权力，但他却丝毫没有骄慢之心。在辅政时期，周公唯恐失去天下贤人，洗一次头，曾多回握着尚未洗好的头发；吃一顿饭，也数次吐出口中食物，迫不及待地去接待来访的人。其目的就是为了使国家没有遗贤。

当纣王的儿子武庚与周公的兄弟管叔、蔡叔等人叛乱时，周公亲自带兵东征平定叛乱，灭五十国，稳固了政权。并在归来后制礼作乐，奠定了周王朝的政治制度。

对待年幼的成王，周公也毫无私心、无微不至。有一次，成王病得很厉害，周公就对河神祈祷，希望自己可以以身相代。摄政七年后，成王已经长大成人，于是周公归政于成王。后来，有人在成王面前进谗言，周公害怕了，就逃到楚地躲避。不久，成王翻阅库府中收藏的文书，发现了自己生病时周公的祷辞，被周公忠心为国的节操感动得流下眼泪，马上派人将周公迎回。周公回周以后，仍然一如既往地为王朝操劳，直至逝世，终于实现天下大治。周公在临终时希望葬在成周（今河南洛阳东郊），以明不离开成王的意思。成王心怀谦让，以天子之礼把周公葬在毕邑（今陕西长安、咸阳一带），陪伴在文王墓的旁边，以此表达对周公的无比尊重。

周公作为为政者的典范，不仅在思想上为后世留下宝贵的资源，也为中华民族礼乐文明的发展做出了贡献。他在执政的时候也时刻恪守为臣之道，恭谨谦逊。唐代诗人白居易在《放言》诗中写道："周公恐惧流言日，王莽谦恭未篡时。向使当年身便死，一生真伪有谁知。"周公是孔子一生的榜样和楷模，直至晚年孔子尚在感慨：

> 甚矣吾衰也！久矣吾不复梦见周公。
>
> 《论语·述而第七》

我们可以说孔子的礼乐思想源于周公。同样我们也可以说孔子的谦逊也源于周公。

周公在告诫长子伯禽时曾说了这样一段话：

> 成王封伯禽于鲁。周公诫之曰："往矣，子无以鲁国骄士。吾，文王之子，武王之弟，成王之叔也，又相天子，吾于天下亦不轻矣。然一沐三握发，一饭三吐哺，犹恐失天下之士。吾闻，德行宽裕，守之以恭者，荣；土地广大，守以俭者，安；禄位尊盛，守以卑者，贵；人众兵强，守以畏者，胜；聪明睿智，守之以愚者，哲；博闻强记，守之以浅者，智。夫此六者，皆谦德也。夫贵为天子，富有四海，由此德也。不谦而失天下，亡其身者，桀、纣是也。可不慎欤？"
>
> 《韩诗外传》

这可以说是我国最早期的明文记载的家训。在这段文字中可以清晰地看到周公对谦德的重视。虽然他是文王之子、武王之弟、成王之叔，地位尊崇，但绝不敢骄慢天下之士。以“谦德”自守是周朝长治久安的基础，也是周王室的家风。文王、武王、周公、成王都恪守“谦德”，礼贤下士，宽柔待人。

3 卿大夫之孝，言行中道

非先王之法服不敢服，非先王之法言不敢道，非先王之德行不敢行。是故非法不言，非道不行。口无择言，身无择行。言满天下无口过，行满天下无怨恶。三者备矣，然后能守其宗庙。盖卿大夫之孝也。《诗》云：“夙夜匪懈，以事一人。”

《孝经·卿大夫章第四》

不合乎先代圣王礼法所规定的服装不敢穿；不合乎先代圣王礼法所规定的言论不敢说；不合乎先代圣王道德规范的行为不敢做。因此，不合礼法的话不说，不合道德的事不做。所有言行都能自然而然地遵守礼法道德，所以开口说话不需要字斟句酌，行为举止不用考虑什么该做、什么不该做。这样就不会因言语多而有过失，自己的行为也不会招致别人的怨恨。

功名利禄动人心，卿大夫是国家的栋梁，是朝廷的肱股。他们的所作所为代表了国家的形象、国家的意志。对他们而言，谨言慎行尤为重要。他们的职责，是必须要效法先王，遵道而行。

儒家所说的先王，就是孔子心中的那些圣王：尧、舜、禹、汤、文王、武王，还有周公。这些人当中的每一位都是“作之君，作之师”的一时之选，都为当时的社会开创了局面，尤其是周公，是西周时期具有定鼎意义的重要人物，通过“制礼作乐”，为周朝的长治久安打下了坚实的基础，也为后世留下了一个完美的政治蓝图和道德法则。

这便是“先王之法服、法言、德行”，故而卿大夫只要严格奉行“口无择言，身无择行”的原则执守先王之道，就可以“言满天下无口过，行满天下无怨恶”。这是为臣之礼，从政之道。

当年孔子的弟子子张曾经向孔子请教从政之道，孔子郑重地教诲他：

> 多闻阙疑，慎言其余，则寡尤；多见阙殆，慎行其余，则寡悔。言寡尤，行寡悔，禄在其中矣。
>
> 《论语·为政第二》

这不仅仅是孔子对从政者当如何为人处世的思考，也体现了孔子对先祖思想精神的一种传承。因为孔子的先祖正考父便是“口无择言，身无择行”这一思想的榜样和楷模。

正是有正考父“鼎铭三命”、恭俭养德的因，才有了孔子年仅 17 岁就以知礼而被孟釐子推崇备至、命子从师的果。

正考父是孔子的 7 世祖，也是宋国第二任国君微仲衍的 7 世孙，正考父的曾祖父弗父何放弃继承权而让位于弟弟鲋祀（宋厉公），受封为上卿。正考父由于德高望重，在宋国先后辅佐戴公、武公、宣公，都被任命为上卿。为了自儆，也为了告诫后世子孙，正考父铸鼎铭文：

> 一命而偻，再命而伛，三命而俯。循墙而走，亦莫余敢侮。饘于是，鬻于是，以糊余口。

宋戴公第一次任命时弯腰行礼接受；宋武公第二次任命时鞠躬行礼接受；宋宣公第三次任命时俯身行礼接受。走路时循墙而走，不敢趾高气扬；用餐时以粥为食，糊口度日。

这便是著名的“鼎铭三命”。正考父历任三朝，德望日隆，但他并未因为自己的资历和地位而自得，反而面对每任国君愈加诚惶诚恐、毕恭毕敬，不但谦恭自守，而且简朴至极。这才是真正的为臣之道。

孔子17岁那年，鲁国执政大夫孟釐子病卒。在他临终前，告诫他的嗣子孟懿子说，孔子是圣人之后，而且年少好礼，未来的成就是无可估量的。要求孟懿子在他死后一定要拜孔子为师。

春秋末年齐国的国相晏婴也是深谙为臣之道，所以做到了三朝为相。

晏婴，字平仲，世称晏子，齐国上大夫晏弱之子。齐灵公二十六年，晏弱病死，晏婴继任为上大夫，历任灵公、庄公、景公三代的国相，辅政长达40余年。史称“三世为相”。

晏婴施展政治才能主要在齐景公时代，这时的齐国刚刚爆发王子争储之战，国力逐渐衰败，在诸侯争霸中渐处弱势。晏婴为相，采取中立的态度，深懂朝政大事内外兼修之道。无论内政还是外交，行事既富有灵活性，又坚持原则性。特别是出使他国时智勇双全，不辱君命，捍卫了齐国的国格和国威。孔子曾经赞誉他说：“晏平仲善与人交，久而敬之。”（《论语·公冶长第五》）

晏婴为官清正廉洁。在东阿做官时，坚持原则，不受贿赂，敢于与权臣对抗。于是，有人向景公进谗言，说晏婴将东阿治理得一片混乱，景公大怒，召回晏婴欲责罚他。晏婴并未过多解释，只要求景公再给他三年的机会，重新治理东阿。景公应允。结果第二年，那些曾谗言诋毁他的佞臣又对他大加赞美，于是景公再次召回晏婴，打算奖赏他。晏婴拒绝封赏，并告诉景公：当初他将东阿治理得有声有色，百姓不再忍饥挨饿，却因坚持原则而得罪权臣，景公就要惩罚他。相反，第二次回东阿不再管百姓的事，甚至维护权臣的利益为他们办事，反而受到景公的表扬和封赏。景公明白了真相，从此以后对晏婴更加信任和重用。

晏婴不仅在为官方面清正廉洁，在生活上也是出了名的俭朴。他和家人吃的是粗茶淡饭，穿的是粗布麻衣，住的是祖传旧宅，乘的是简易马车。景公嫌晏婴太过寒酸，便命人送去米黍酒肉和宝马香车，可晏婴却谢绝了景公的好意。

晏婴不但严格要求自己，在对待自己的部下方面也有着过人的智慧。一次，晏婴突然辞退了在手下任职三年的官员高缭。许多人不理解，平日里小心谨慎，从未犯过错误的高缭为什么非但没有得到贵族的称号，反而会被辞退。晏婴回答说：“我也是一个见识浅陋的人，如果没有人及时劝谏并辅佐的话很难完成国家的大事。高缭在我的身边工作了三年，看见我的过错从来不说，也没有纠正。所以我才辞退了他。”晏婴的回答，充分体现了一个优秀的大臣所要持守的谨言慎行不是闭口不言、推诿惰政，而是要直言劝谏，直道而行。

作为一心为国的忠臣，晏婴的所作所为体现的正是“非法不言，非道不行”，说合于礼法的话，做合于道德的事。真正践履了卿大夫之孝。

4 士之孝，移孝作忠

> 资于事父以事母而爱同，资于事父以事君而敬同。故母取其爱而君取其敬，兼之者父也。故以孝事君则忠，以敬事长则顺。忠顺不失，以事其上，然后能保其禄位而守其祭祀。盖士之孝也。《诗》云：“夙兴夜寐，无忝尔所生。”
>
> 《孝经·士章第五》

用侍奉父亲的态度去侍奉母亲，这种爱心是相同的；用侍奉父亲的态度去侍奉国君，这种敬心也是相同的。

士阶层是国家的低级官员，是朝廷中的新进之官。他们离开父母去朝廷中做官，刚刚成为国家统治阶级中的一员，那么他们以什么样的态度来对待国君，怎么去忠于职守，这是他们是否可以成功的重要因素。

《孝经》从孝亲入手，条分缕析，讲明了忠和孝之间的关系，明确提出了：

以孝事君则忠——有孝行的人为国君服务必能忠诚。

以敬事长则顺——能敬重兄长的人对上级必能顺从。

若能做到以上两点，那么：

忠顺不失，以事其上——忠诚与顺从都做到没有什么缺憾，然后用这样的态度去侍奉国君和上级。

然后能保其禄位而守其祭祀——就能保住自己的俸禄和职位，维持对祖先的祭祀。

移孝作忠，以忠顺之心事其上。这是士的为官之道，同时也是士的孝亲之举。

春秋时期的介子推便是“移孝作忠”的典范。

春秋时期，晋献公宠爱骊姬，打算废掉太子申生改立骊姬之子奚齐，由此引起了宫廷内讧。申生被骊姬害死，公子重耳出逃途经卫国，卫国不敢收留，于是逃往齐国，途中一个叫作头须（一作里凫须）的随从偷光了重耳的资粮。没有食物，重耳向田夫乞讨，可不但没要来饭，反被农夫们用土块当成饭戏谑了一番。重耳饥饿难忍，为了让他活命，介子推到山沟里，把腿上的肉割了一块，与采摘来的野菜同煮成汤给重耳。重耳知道后大受感动，并许诺回国后定当重赏介子推。

后来，重耳在秦国的帮助下回到了晋国，平定了叛乱成为国君，就是史上著名的晋文公。正值周室内乱，晋文公没有来得及全部行赏便出兵勤王，跟随他出逃的人都得到了封赏，唯独忘记了介子推。介子推认为忠君的行为发乎自然，没必要得到奖赏，并以接受奖赏为耻辱。同时，对狐偃、壶叔等人借辅佐之功追逐荣华富贵充满鄙夷，曾赋诗一首：“有龙于飞，周遍天下。五蛇从之，为之丞辅。龙反其乡，得其处所。四蛇从之，得其露雨。一蛇羞之，桥死于中野。”于是带着老母归隐山林，躲进了绵山。

邻居解张为介子推不平，把这首诗写好挂到城门上。晋文公看到这首诗后内心不安，马上派人去召介子推，才知道他已隐居绵山。晋文公便亲自带领大臣前往绵山寻访。谁知那绵山蜿蜒数十里，重峦叠嶂，谷深林密，竟无法可寻。晋文公求人心切，听信赵衰、狐偃等人之言，下令三面烧山，希望将介子推和他的母亲烧出山。没料到大火烧了三天，介子推的影子也没见。

后来有人在一棵枯柳树下发现了介子推母子的尸骨，晋文公悲痛万分，亲自哭拜，然后安葬遗体。并下令于介子推焚死之日禁火寒食，以寄哀思。后相沿成俗，就是我们现在所说的寒食节。

而民间故事又演绎出了新的情节。晋文公发现介子推的尸骨堵着树洞，洞里好像有什么东西。掏出一看，原来是片衣襟，上面题了一首血诗："割肉奉君尽丹心，但愿主公常清明。柳下作鬼终不见，强似伴君作谏臣。倘若主公心有我，忆我之时常自省。臣在九泉心无愧，勤政清明复清明。"这显然不是史实，但这首后人伪托的诗歌却将介子推的品格以及对君主的期待表达得十分清楚明了。介子推的行为正是对"移孝忠君"的一次很好的诠释。

以上的这四个方面，都是对于有职位者而言的，都是从"保其社稷宗庙"入手的。从表面上来看有一些功利色彩，所以有人就基于此对《孝经》多有批评。但批评者没有注意到的是，儒家的精神就是将一种高远广大的境界落实于人伦日用之中，在看似平常的行为之中，体现出一种不平常来。就好像佛家所言的"一切皆在起心动念之处""看山不是山，看水不是水"一样。一旦达到这种境界之后，就可以成为儒家所说的"仁人君子"，并且如果依此而进一步修行，就可以达到“看山仍然是山，看水仍然是水”的境界。在儒家的角度来说，此种境界便是圣贤的境界了。

5 庶人之孝，谨身节用

用天之道，分地之利，谨身节用，以养父母。此庶人之孝也。故自天子至于庶人，孝无终始，而患不及者，未之有也。

《孝经·庶人章第六》

据此可知，庶人之孝主要体现为以下三个方面：

首先要顺应天时——春生、夏长、秋敛、冬藏。

其次要分别五土——山林、川泽、丘陵、坟衍、原隰，视其高下，各尽其宜。

再次做到持身恭谨，远离耻辱；勤俭持家，免于饥寒。

以此三者来奉养父母，就已然超越了“养口体”而达到了儒家所奉守的“养志”之孝。

“故自天子至于庶人，孝无终始，而患不及者，未之有也。”也就是说，上自天子，下到百姓，孝道是不分尊卑、超越时空、永恒存在、无始无终的。孝道也是人人都能够做到的，只要有孝心，每个人，不论地位尊卑，能力高下、家境好坏都可以从当下做起，用自己的言行举止，很好地发扬孝道精神。

当代社会的组织形态与古代社会相比而言，可以说发生了翻天覆地的变化，儒家思想在一定意义上已然渐行渐远，虽然目前有所谓的“国学热”“文化热”，但要找回失落的传统不是一朝一夕之事。儒家发展的未来并不让人感到悲观，但由于时代造成的先天不足，我们已经没有了对经史传统的血脉传承，当代之人只能成为传统回归之路上泥土下的泥土，沙石下的沙石。儒林的返本开新、枝繁叶茂需要相当漫长的积累，真正的儒者确实是任重而道远，所以文化的复兴需要“仁以为己任”“死而后已”的付出和“百世以说圣人而不惑”的坚持才能实现。

但孝在我们心中却仍然有着旺盛的生命力，出于对父母的[illegible]恩和回报，大多数当代人能够接受“孝”这个儒家思想的核心[illegible]值，并使之成为自古及今的共同价值观。古人的孝行或许已不足以模仿或复制，但古人的孝道精神却是我们应该传承并发扬光大的。

就像《二十四孝》之中的“鹿乳奉亲”。

周朝时，有一个叫郯子的人，从小就很孝顺。他的父母年老的时候，双目均患眼疾。郯子听说鹿乳能治疗眼疾，但鹿性机敏，抓获不易。郯子苦思冥想，终于想出一个办法。于是他穿上了鹿皮，往深山里的鹿群中走去，冒充小鹿吃奶得到了鹿乳。他急着要将鹿乳供奉双亲，忘记了取下鹿皮，没想到被打猎的人误认为是鹿，正当猎人举起了弓箭要射杀他时，他急忙起身并说明情由。猎人一看是人不是鹿，所以放下弓箭没有射他，并且对他这种孝敬父母的行为赞叹不已。

郯子的故事是否真实其实并不重要，但我们至少可以从中懂得孝养父母要尽心竭力。郯子的做法在现实中未见得可以成功，但他的用心，他的努力都是难能可贵的。故事所传递的是儒家对待孝道的基本思想。《诗经·大雅·既醉》言“孝子不匮，永锡尔类”，意思是说有人类以来，孝子是无穷无尽的，上天不会让人间缺乏孝子。也许我们现在做得还不够好，但只要我们是用心去尽孝，那么就可以越做越好。

这一论断在历史上得到了历代的共鸣。我们可以从浩如烟海的著述中看到大量关于孝行的记述，其中不乏这样的例子——有些人一开始是不孝的，后来才开始转行孝道。《左传》中便有一个——《郑伯克段于鄢》中记载的郑庄公。

郑庄公开始对他的母亲是没有孝心的。因为他的母亲姜氏在生他的时候难产而受惊，一直不太喜欢他，所以他也就对母亲心存怨恨。当他的母亲疼爱弟弟共（gōng）叔段，而且希望为共叔段谋取更多利益的时候，他不但没有及时地提醒母亲和弟弟，反而纵容他们，当大臣祭（zhài）仲提醒他的时候，他还对祭仲说过这样一句话：“多行不义必自毙，子姑待之。”意思是（共叔段）多行不义，必定会自取灭亡，你等着看吧。

何等的冷漠和残忍！

直到共叔段由于母亲的宠爱、哥哥的纵容，贪心日炽，开始为祸作乱的时候，他断然对他的母亲和弟弟采取严厉的措施。他第一时间就得知弟弟和母亲约定好要夺取国都，并清楚地了解了他们密谋的细节，然后设下圈套，成功地将弟弟赶出郑国。同时，他也有了一个“正当”而且“充分”的理由来处罚他的母亲，他把母亲软禁起来，而且发誓说：“不及黄泉，无相见也。”说除非到死，否则我再也不想见你。

这样一个对母亲没有孝心的人，在做出如此绝情的举动之后，心中竟然有了一丝悔意。这或许就是儒家对人性善固执坚守的原因。

颍考叔是当时郑国一个守卫边境的小官，他敏感地把握到郑庄公的心理状态，并要尽到臣子的劝谏之责。所以在郑庄公赐予他食物的时候，他把肉留下来了。郑庄公感到很奇怪，就问他："你为什么要把肉留下呢？"他说："我的母亲吃过了所有我给她的东西，但是唯独没有吃过国君的东西，现在您赐给我的食物，我要让我的母亲也尝一尝。"

颍考叔的孝心触动了郑庄公心中最为隐秘和柔软的地方，也引起他的共鸣，他十分感慨地说："你还有母亲可以供养，而我却没有了。"这个时候颍考叔假意问他："为什么呢？您的母亲不是健在吗？"庄公于是就把自己当时对待母亲的做法，详细地告诉了颍考叔，而且坦言自己现在十分后悔，但是因为他已经发誓与母亲永不相见，他不能食言，也就无法和母亲相见。

颍考叔是一个非常有智慧的人，他马上给庄公提出了一个建议："既然您说'不及黄泉无相见'，那么你们若到了黄泉，就可以相见了。"于是就让人挖了一条隧道，直到挖到了一条地下河，安排庄公和他的母亲在河边相见。因为"黄泉"这个词，在汉语里面有两层含义：一层含义指的是阴间地府，还有一层含义指的是地下河流。庄公当时用这个词的时候，表达的是至死不见的意思，但颍考叔巧妙地运用了它的另外一个意思——只要你们到了地下河，母子还是可以和好如初的。所以庄公和他的母亲多年的紧张关系在隧道之中终于化解。

通过这个例子，我们可以看到，即使是不孝之人，如果自己有心改过，仍然可以成为至孝之人。所以说“孝子不匮”，人间是不会没有孝子的，也不会没有孝道的。也许我们现在做得并不够好，但是只要我们是用心去尽孝的，那么就没有什么做不到的。因为世界上最为宽广的是人的心怀，心有多大，天地就有多大！

在此，我们再重温一下五等之孝的重点所在：

天子之孝——爱亲者不敢恶于人，敬亲者不敢慢于人。

诸侯之孝——在上不骄，高而不危；制节谨度，满而不溢。

卿大夫之孝——非先王之法服不敢服，非先王之法言不敢道，非先王之德行不敢行。

士之孝——资于事父以事母而爱同，资于事父以事君而敬同。

庶人之孝——用天之道，分地之利，谨身节用，以养父母。

这些话，尽管与我们隔着两千多年的时间，但是如果我们用心去体察，每一句话都可以作为我们当代人尽孝心、明孝道的思想基础和精神依归。

第四章 大孝大爱

1 孝之真意

中华民族是有着五千年悠久历史的礼乐之邦，自古以来，中国人都十分重视孝的价值和作用，并通过对孝心和孝道的培养，逐渐学会敬爱兄长、尊敬师长，进而衍生出一系列符合道德礼仪的行为，并以此修身，之后渐次培养齐家、治国、平天下的德行和能力。

孝是什么？“夫孝，德之本也，教之所由生也。”孝是道德的根本，是教化的源头。但孝也不仅仅是实用的、当下的，它更是神圣的、超越的。所以在《孝经·三才章第七》中有孔子和曾子这样的一段对话：

曾子曰："甚哉！孝之大也。"子曰："夫孝，天之经也，地之义也，民之行也。天地之经而民是则之，则天之明，因地之利，以顺天下。是以其教不肃而成，其政不严而治。先王见教之可以化民也，是故先之以博爱而民莫遗其亲，陈之于德义而民兴行，先之以敬让而民不争，导之以礼乐而民和睦，示之以好恶而民知禁。《诗》云，'赫赫师尹，民具尔瞻。'"

"夫孝，天之经也，地之义也，民之行也。"这是孔子对于"孝是什么"的一个非常经典的概括：孝是天经地义的行为。就像天，日月星辰更迭运行有着永恒不变的法则；就像地，山川湖泽提供物产之利有着合乎自然的法则；就像人，依循着做人的一切品行中最根本的品行这一人间至高无上的法则。

首先，从现实层面来看，孝是百行之首，百善孝为先。尽孝无论尊卑贵贱，有其行就能够成其德。其次，从超越层面来看，孝可感天动地，孝道是人间永恒的法则，非常高远，非常广大，甚至是天道在人间具体的呈现方式。

在揭示了"孝是什么"这一深层次的含义之后，孔子接着说：

天地严格地按照它的运行规律运动，人民应以它们为典范，顺应天道，顺乎自然，实行孝道。

效法天上的日月星辰，遵循那不可变易的规律；凭借地上的山川湖泽，获取赖以生存的便利，因势利导地治理天下。

对人民的教化不需要采用严肃的手段就能成功；对人民的管

理，不需要采用严厉的办法就能治理好。

天地之经而民是则之，则天之明，因地之利，以顺天下。是以其教不肃而成，其政不严而治。

2 行孝的两个层次

人之行孝，就是顺应天道，顺其自然，必然会实现内外和谐，天下太平。

这里包含两个层次：

第一个层次，如果人人都能尽己所能地力行孝道，就会实现道德的圆满自足，家庭的和谐美满，达到儒家所追求的“修身”“齐家”的境界。

纵观古今，严格地以这一人间永恒的法则而自律，尽己所能地行孝道的故事有很多。孔子的弟子曾子是其中的佼佼者，曾子行孝的故事也被后人列入《二十四孝》。

曾子，名参，鲁国人，孔子学说的主要继承人和传播者，孔子的孙子孔汲（子思子）师从曾子，又再传给孟子。因此，曾子上承夫子之道，下启思孟学派，在儒家文化中具有承前启后的重要地位。成为孔子之后，与颜子（颜回）、子思子、孟子比肩的圣贤并和他们一起在大成殿配祀孔子。

曾子年少时，家里非常贫困，但他侍奉母亲非常孝顺。有一天曾子在山中砍柴，忽然感到一阵心痛，他感觉到是家里有事，于是赶忙背着柴回来了。

回来之后跪在地上问母亲家里发生什么事了，母亲说："家里忽然来了客人，我不知道该怎么招待，等你又不能马上回来，所以就用力去咬自己的手指，希望你能够感应到，马上回来。"

这样的故事从现代科学的角度读来虽看似荒诞不经，但俗话说母子连心，至亲骨肉之间的那种默契，是无法用语言来表述的，相信有很多人对这种默契是有所体验的。如果我们一定要用现代某些理论来对它进行解释的话，姑且可以说它像西方心理学所说的第六感。如果我们用佛家的思想来看待这样的事情，就会觉得它与神通相似，是很正常、很容易理解的。曾子作为儒门心法和道统的传人，有这样的直感，应该是不足为奇的。另外，抛开这个故事本身的神秘性不论——神秘性本身也并不是我们应该关注的重点——我们应该看到的是曾子孝顺母亲的那份虔诚与恭敬。

《二十四孝》的故事之所以能够在后来的几百年中产生重大影响，并不仅仅是因为统治者的刻意强化，更重要的是因为它所表现出来的恰恰是人伦日用中大家最为熟悉，而且也最为重视的一种普遍的情感：孝。

但"五四"以来人们对《二十四孝》多有批判，尤其是鲁迅的《二十四孝图》中对"二十四孝"的讽刺与挖苦，如：

> "陆绩怀橘"也并不难，只要有阔人请我吃饭。"鲁迅先生作宾客而怀橘乎？"我便跪答云，"吾母性之所爱，欲归以遗母。"阔人大佩服，于是孝子就做稳了，也非常省事。

甚至对“老莱娱亲”和“郭巨埋儿”的故事的全盘否定：

其中最使我不解，甚至发生反感的，是“老莱娱亲”和“郭巨埋儿”两件事。

正如将“肉麻当作有趣”一般，以不情为伦纪，诬蔑了古人，教坏了后人。老莱子即是一例，道学先生以为他白璧无瑕时，他却已在孩子的心中死掉了。

至于玩着“摇咕咚”的郭巨的儿子，却实在值得同情。他被抱在他母亲的臂膊上，高高兴兴地笑着；他的父亲却正在掘窟窿，要将他埋掉了。……我最初实在替这孩子捏一把汗，待到掘出黄金一釜，这才觉得轻松。然而我已经不但自己不敢再想做孝子，并且怕我父亲去做孝子了。家境正在坏下去，常听到父母愁柴米；祖母又老了，倘使我的父亲竟学了郭巨，那么，该埋的不正是我吗？如果一丝不走样，也掘出一釜黄金来，那自然是如天之福，但是，那时我虽然年纪小，似乎也明白天下未必有这样的巧事。

现在想起来，实在很觉得傻气。这是因为现在已经知道了这些老玩意，本来谁也不实行。

鲁迅的这些观点至今依然有很多拥趸。将道理和事实混为一谈，将劝善的故事甚至寓言当作历史的真实，这本就带有极大的偏见和误会，但常言道“矫枉必须过正”，鲁迅作为新文化运动的主将，出于要砸烂一个旧世界，建设一个新世界的需要而不得不以如此决绝的心态对待传统，尚有可以说得过去的理由。时过境迁，在我们需要用理性的态度正视传统之时，依然将鲁迅的思想拿来作为法宝就不合时宜了。一时的激愤之语不可以成为信守不变的圭臬，对待文化和传统，我们更加需要的是钱穆先生所说的“历史的温情与敬意”。

在当代社会如何重新认识《二十四孝》，这是一个值得深思的话题，但是我们必须要明确的一个重点就是，这些孝道的故事和人物，并不是在郭居敬编成《二十四孝》一书之后才受到重视，他们的事迹在各自生活的那个时代就已经广为流传，并且在中国历史上产生过非常良好的社会效应以及教化作用。比如“王祥卧冰”的故事，在《晋书·王祥传》中如此记载：

> 祥性至孝。早丧亲，继母朱氏不慈，数谮之，由是失爱于父。每使扫除牛下，祥愈恭谨。父母有疾，衣不解带，汤药必亲尝。母常欲生鱼，时天寒冰冻，祥解衣将剖冰求之，冰忽自解，双鲤跃出，持之而归。

史书中确切无疑地记载为“将剖冰求之”,“解衣”的行为也应该是为了剖冰的方便，而并非为了赤身露体用体温融化坚冰。这是合乎事实更合乎逻辑的行为。但郭居敬在编纂《二十四孝》时却定为“卧冰”，并赋诗为赞:“继母人间有，王祥天下无；至今河水上，留得卧冰模。”这样的描写并非是要篡改历史，更不是郭居敬没有看到过《晋书》的记载，而是将一个经过艺术加工的故事讲给我们。这里的王祥已经被文学化、艺术化，这个故事也必然从历史故事变为寓言故事，其目的便是为了更加吸引眼球，以达到劝孝的目的。其良苦用心我们当然不应该误会和误读，更不应该刻意歪曲、口诛笔伐。

第二个层次，在个体生命的圆满和家庭五伦和谐的基础上，若能顺应自然行孝道，并因势利导治理天下，必然会产生良好的社会效应。如果这个家庭或者这个个体又是具有典型意义或者足以感动他人的话，这种教化的作用就会更大，久而久之，就会达到“其教不肃而成，其政不严而治”的理想状态。这个层次也就是《大学》中“治国”“平天下”的境界。

正所谓“天下大势，分久必合，合久必分”，在有文字记载的中国历史上，朝代的更迭是司空见惯的事情。但如果我们留意一下就会发现，一般情况下，一个朝代延续的时间不过两三百年，唐代290年、宋代320年、明代276年、清代267年。但有德者居之的朝代要长久得多，夏代近500年、商代近600年、周代800年左右；而失道失德的朝代却都是短命王朝，秦朝15年、新莽15年、隋朝37年，南北朝、五代十国等乱世朝代更迭更是极度频繁。如果我们再仔细考察一下这些朝代的兴盛衰亡以及这些朝代帝王将相的所作所为，就可以清晰地看到孝道和家风对政治和社会的影响多么重要。这种现象在周代格外突出。

周代的历时说法不一。裴骃在《史记集解》中引皇甫谧的说法，认为周代历时867年。当代历史学家参照《国语·周语下》的天象记录，计算出武王伐纣的时间在前1046年，这样的话，到前256年秦灭东周，共计791年，先后共传30代37王。这个数字在中国历史上是空前绝后的。周代之所以如此长治久安，和周代立国前后几代人的德行和教化是分不开的。

周文王姬昌的祖父古公亶父本来生活在豳地，但屡遭狄人侵扰，为了不危害百姓，他准备带领族人东迁。豳地的人视他为仁人，于是扶老携幼纷纷追随他东迁，背井离乡来到岐山脚下的周原。其他地方的人也听闻古公亶父的仁德，纷纷前来归附。

古公亶父被周人尊称为太王，他有三个儿子：太伯（也称“泰伯”）、虞仲（也称“仲雍”）和季历（周人尊称“王季”）。

因为姬昌生下来就表现不凡，有圣人之相，深得祖父喜爱。太王意欲立季历，进而就可以传位给姬昌。但是周人的传统是嫡长子继承制，姬昌的父亲季历行三。为了让父亲得偿所愿，于是太伯、虞仲二人便决定推位让国，出奔到南方荆蛮之地，并断发文身，表示自己不可再当国君。于是季历顺利即位并传位给姬昌，姬昌为周王朝的开国奠定了坚实的基础，在周朝建立后被追尊为文王。

太伯出奔到偏远的荆蛮，自称“句吴”。荆蛮人钦佩他的德行义举，追随并且归附他的有上千家，并拥立他为吴太伯，太伯因此成为吴国的始祖，其后又传位给他的弟弟虞仲。所以孔子赞叹道：“泰伯，其可谓至德也已矣。三以天下让，民无得而称焉。”（《论语·泰伯第八》）

而作为周原之主的西伯侯姬昌，仁孝行天下。他做世子的时候，每日多次到王季身边问安，父亲身体不适，他立刻忧心忡忡，当父亲身体安好之后才恢复如初。同时，他也善于关照和安顿天下的老人，并真正做到了。

所谓西伯善养老者，制其田里，教之树畜，导其妻子使养其老。五十非帛不暖，七十非肉不饱。不暖不饱，谓之冻馁。文王之民无冻馁之老者，此之谓也。

《孟子·尽心上》

武王以父亲为榜样，同样做到了仁孝。到了他的另一个儿子周公旦，不仅制礼作乐，为周代的政治稳定奠定了基础，而且在祭祀上做到“郊祀后稷以配天；宗祀文王于明堂，以配上帝。是以四海之内，各以其职来祭”。(《孝经·圣治章第九》) 所以孔子赞美他：

天地之性，人为贵。人之行，莫大于孝。孝莫大于严父，严父莫大于配天，则周公其人也。

《孝经·圣治章第九》

从太王到太伯、虞仲、季历再到文王再到武王、周公，四代人都是以仁德著称，有善政，有孝行。不仅仅如此,《列女传》中还记载了“周室三母”的事迹：

三母者，大(同“太”)姜、大任、大姒。大姜者，王季之母，有台氏之女。大王(周太王)娶以为妃。生太伯、仲雍、王季。贞顺率导，靡有过失。大王谋事迁徙，必与大姜。君子谓大姜广于德教。

大任者，文王之母，挚任氏中女也。王季娶为妃。大任之性，端一诚庄，惟德之行。及其有娠，目不视恶色，耳不听淫声，口不出敖言，能以胎教。溲于豕牢，而生文王。文王生而明圣，大任教之，以一而识百，卒为周宗。君子谓大任为能胎教……

大姒者，武王之母，禹后有莘姒氏之女。仁而明道。文王嘉之，亲迎于渭，造舟为梁。及入，大姒思媚大姜、大任，旦夕勤劳，以进妇道。大姒号曰文母，文王治外，文母治内。大姒生十男……大姒教诲十子，自少及长，未尝见邪僻之事。及其长，文王继而教之，卒成武王周公之德。君子谓大姒仁明而有德。

《列女传·母仪传·周室三母》

周朝初年圣贤辈出，贤母相沿，良好的家教家风孕育了高尚的德行，才会出现“其教不肃而成，其政不严而治”的黄金时代。

中央电视台2007年推出的《感动中国》年度人物：谢延信可以说是对这种思想的现代注脚。

谢延信，本姓刘，河南省滑县人，河南省焦作煤业集团下属公司的一名职工。1974年，新婚一年的妻子生下女儿后因产后中风不幸去世，为实现对妻子的承诺，他用自己的爱心、孝心和责任心全力承担起照顾瘫痪在床的岳父、丧失劳动能力的岳母和呆傻妻弟的责任。为使老人放心，他随妻姓改姓为谢。

三十多年，谢延信将自己的爱心一点一滴地倾注到亡妻的三个亲人身上，多次拒绝组建新的家庭，直到丧妻10年后才与志同道合的同乡谢粉香结合。2003年，谢延信因脑出血落下了反应迟钝、行动不便的后遗症，他便让妻子来焦作共同照顾亡妻一家。

三十多年的孝心、爱心可以积累成“塞于天地之间”的“浩然之气”，可以消融心头的坚冰，可以拂去脸上的冷漠。支撑谢延信和他妻子的，是人之为人最本真的孝心，是人性中的至善。

谢延信是值得我们敬佩的，他的续弦谢粉香同样值得我们敬佩。

一滴水可以折射太阳的光辉，一份诚敬的孝心也同样可以反映一个人品格的高尚与峻洁。谢延信是平凡的，但他的大孝之举是伟大的。这种行为是有感召力和带动力的。只要人人都付出一份孝心、一份爱心，社会必然和谐，天下必然安定，道德教化和社会治理必然水到渠成。

天地情怀，人间大爱。这正是儒家高远的理想和追求。

先王见教之可以化民也，是故先之以博爱而民莫遗其亲，陈之于德义而民兴行，先之以敬让而民不争，导之以礼乐而民和睦，示之以好恶而民知禁。

“教之可以化民”是儒家的基本观点。通过这一段话，我们可以清楚地看到儒家的教育方法：

在上位者，首先必须要有仁民爱物的博爱之心。上位者有了这样的行为，下位者——人民，才会受其影响，力行孝道。在上位者要处处表现自己的德义之举，人民才会慕而效之，才会由于对他的仰慕，而纷纷地效法于他。在上位者首先有敬让之举，那么人民才会谦让，才会不争。在上位者注重于礼乐教化，人民才会受到他的感化，和睦相处。在上位者表现了自己的好恶，人民在立身处世的时候，就会知道自己该做和不该做的事情。

这是对孝的社会教化功能的集中表述。这个表述虽然带有当时的时代特点，但是它所揭示出来的义理价值，在我们现实社会中，也是有着非常深刻的警醒和教育意义的。这不仅是普通百姓要深思的问题，更是我们当下的官员，尤其是掌握着要害部门的官员，应该深思的问题。

3 孝行的现代教育意义

首先，要靠自己的德行来引领世人、教化世人。天子的博爱之心可以引领百姓不忘其亲；天子的德义可以让百姓效法施行；天子的礼敬谦让可以让百姓不起争竞之心。这正是孔子所肯定和坚持的社会治理方式。

季康子问政于孔子曰："如杀无道，以就有道，何如？"孔子对曰："子为政，焉用杀？子欲善而民善矣！君子之德，风；小人之德，草。草上之风，必偃。"

《论语·颜渊第十二》

当鲁国的执政大夫季康子向孔子请教执政的手段时，孔子明确表示了对严刑峻法的反对和否定。他认为君子的品德好比风，小人的品德好比草，草被风吹过以后，一定会受到风的影响，所以说风吹过了，草一定会伏下来。如果在上位者能够依善而行，那么下位者必然就会从善如流。因此，对上位者而言，管理国家、治理百姓最为关键的不是严格的律令，而是如何用自己的道德去风化和引领。

在上位者心中有善，百姓自然也会跟着行善。在儒家看来，真正的教化是一种春风化雨般的道德力量的感化。是“己欲立而立人，己欲达而达人”（《论语·雍也第六》）的责任与担当——用自己的德行，去影响和感召更多的人，让他们也达到同样的境界；用自己的理想，给所有的人做榜样，树立楷模，让他人也能够实现这样的理想。

《大学》首章“大学之道，在明明德，在亲民，在止于至善”，就是在揭示君子如何以德修身，以德化民的道理。儒家教育最终极的追求就在于充分明了并彰显自身所具备的光明德行——明明德。再推己及人，使人人都能去除污浊而自新——亲民，新民也。进而精益求精，将道德修养和教化百姓都做到最完善的地步并且保持不变——止于至善。

这是一名真正的儒者终极的修养，也是历代儒生终其一生“虽九死其犹未悔”（屈原《离骚》）的不懈的追求。为了达到这样理想的境界，必须要从“格物、致知、诚意、正心、修身、齐家、治国、平天下”这八个方面去渐次修行。这“八目”的次第是从格物、致知开始一步一步推展而来的，直到诚意、正心、修身，都属于“内圣”的范畴，就是说侧重在内心世界的道德修养。之后由修身到齐家，而后治国、平天下，这个过程从内圣再往外推展，是儒家所追求的“外王”事业。要实现内圣外王的有机结合和统一，就必须要将个人的道德修养和家国天下的责任担当融为一体，这也是儒家的至高理想。所以说“教化”——教之可以化民——的思想，是儒家思想中居于根本性地位的重要思想。

所以儒家的教育，不是靠更多的说教，而是靠我们的行为举止在潜移默化中一点一滴地影响。如果大家了解更多的儒家人物，以及儒家发展历史的话，会对教化的价值和意义有更深刻的体会。这种教化，既有上天所行的不言之教，也有圣贤君子所做的榜样和楷模。天道要通过人道来阐明，天文要通过人文来落实。

《易经·贲（bì）卦》的彖辞上讲：

> 刚柔交错，天文也；文明以止，人文也。观乎天文，以察时变；观乎人文，以化成天下。

所谓“天文”，指的是天地万物、阴阳四时。上知天文，可以把握天地阴阳之理。所谓“人文”，就是社会人伦、文化仪节。明乎此理，方可教化和感召天下万民。

君子有其德有其位，一则对百姓是一种如父母爱子般的悉心教化和引导；一则对社会是风过草偃、春风化雨般潜移默化的影响。

其次，这种德行的教养，还可以外化成一些具体的方法和手段——导之以礼乐而民和睦，示之以好恶而民知禁。儒家首重礼乐教化，礼乐是教化人心非常重要的手段，在《礼记》中对此有很多论述。其次才是对可为与不可为的具体规范，在上位者告诉百姓什么该做，什么不该做；什么是对的，什么是错的。或者说，我觉得什么是好的，什么是不好的。上位者明确表达了自己的喜好与憎恶，于是老百姓就能够知道什么该做，什么不该做。《礼记·缁衣》有“上有所好，下必甚焉”，说的便是这个道理。

用形象化的历史来解释这段话，就是“吴王好剑客，百姓多创瘢；楚王好细腰，宫中多饿死。”（《后汉书·马援列传第十四》）

这句话很形象地说明，在上位者有一种非常明确的引导作用，国家会向着在上位者所引导的那个方向发展。

吴王喜欢剑客，喜好剑术，那么老百姓就会投其所好，梦想着得到赏识。于是百姓“多创瘢”，民众之间互相用剑格斗就不可避免，于是很多人都在这种格斗中受伤了，身上便有很多的创伤、瘢痕。

楚王非常欣赏细腰的女子，于是楚国王宫中女子们为了博得楚王的青睐，进而能够得到恩泽，便不吃饭饿瘦自己，同时又用带子拼命地勒自己的腰。于是这些宫女们看起来都符合了楚王的审美标准，一个一个都是纤腰一握。可是有不少女孩，为了达到这个细腰的目的因为节食，饿死了，所以便有“楚王好细腰，宫中多饿死”一说。

通过这两个具体的事例，我们可以看到，在上位者有所喜好，在下位者就一定会效法于他。在上位者如果做得不好，那么在下位者，就自然而然也会出问题。所以在上位者的一言一行，一举一动都要格外谨慎。如果上位者不修其德，也会被下位者效法。白居易说：

> 上行则下效。
>
> 《策林·人之困穷，由君之奢欲》

民间俗语说，“上梁不正下梁歪。”也正是此理。

> 子曰：“道之以政，齐之以刑，民免而无耻；道之以德，齐之以礼，有耻且格。”
>
> 《论语·为政第二》

“礼乐教化”和“政令刑罚”都是实现社会教化的手段。但是，在孔子的思想中，对于百姓的教化，首先强调的是道德，其次才会从礼乐和刑罚的角度入手，而礼乐、刑罚这两者之间也是有效果的差异，有先后次第的——出于礼而入于刑，礼之所去，刑之所取。

另外，在我们当代社会中还有一个行业应该对这个问题有所警醒，这就是我们的媒体。

随着网络信息科技的日趋发达，媒体的力量是不可估量的，它对社会的监督、引领以及教化的作用，可以说和古代的为政者所起的作用是相同的。因此，每一个媒体人都应该反省自己，是不是在真正地以道德良知执业。作为一个对社会风气以及社会导向有着重要影响力的行业，首先应该明确的一点就是应该给我们的社会提供什么？应该让人们学到什么？

从2002年起，中央电视台推出的一档节目——《感动中国》，在这方面做出了尝试和努力，而且也确实起到了好的风化作用。随后，各地电视台也有类似的栏目推出，逐渐引领和改良社会风气，用喜闻乐见的方式实现社会教化。这也是“不肃而成”“不严而治”的表现。唯有如此，那些媚俗、恶俗的风气才能够在我们的社会上得到遏制。

我们知道，三才指的是天、地、人。而人之所以能够和天地同参，是因为人有自己的道德；人之所以有别于禽兽，也是因为我们人有自己的道德。人的道德从哪里来？从孝而来！人可以与天地相合相配的是我们的至德，是我们的孝道。

孝是公理，是天经地义的，是毋庸置疑的。孝是诸德之本，百善之先。对外，可以治国平天下；对内可以修身齐家。

这才是孝行的真谛：

> 夫孝，天之经也，地之义也，民之行也。天地之经而民是则之。

第五章 孝悌为礼

1 落实孝悌之道的意义

在儒家的经典中，关于悌的论述，往往是和孝连在一起的，因为“孝悌”是维系家族血脉传承最重要的纽带，而且孝悌的实现，不仅是一家一姓之事，它是儒家真精神的外化和体现。在家族内，兄弟友爱，家庭才会和谐，不让父母因兄弟不和而担忧，这是对孝的初步延伸。走出家门，在外以对待亲兄弟一样的态度对待尊长，正所谓“入则孝，出则悌”，这是孝的再度延伸。

> 子曰:“教民亲爱，莫善于孝。教民礼顺，莫善于悌。移风易俗，莫善于乐。安上治民，莫善于礼。礼者，敬而已矣。故敬其父，则子悦；敬其兄，则弟悦；敬其君，则臣

悦；敬一人，而千万人悦。所敬者寡，而悦者众。此之谓要道也。”

《孝经·广要道章第十二》

悌道，就是为弟之道。具体到家族中而言，就是弟弟应该如何尊重自己的哥哥。但这种关系在儒家看来也是相互的，只有哥哥友爱弟弟，才能要求弟弟尊重哥哥：“兄则友，弟则恭。”（《三字经》）而且悌和孝是紧密相连的：“兄道友，弟道恭。兄弟睦，孝在中。”（《弟子规》）孝悌持家，家方能和；五伦和顺，业方可兴。

在历史上，有一个流传甚广的故事——“孔融让梨”，这个故事体现的就是孝悌之道。

孔融是孔子的第20代孙。在他7岁的时候，家里为祖父庆祝60大寿。当天宾客盈门，有一盘酥梨放在寿台之上，母亲让孔融给兄弟们分一下，孔融于是就按照自己兄弟的长幼次序分了这些梨。分过之后，兄弟们都得到了一个合适的梨，但他却为自己留下了一个最小的。他的父亲很惊奇，就问他说：“他人得梨巨，唯己独小，何故？”别人的梨都很大，为什么你给自己留了一个最小的呢？这是什么原因？孔融从容淡定地回答他的父亲说：“树有高低，人有老幼，尊老敬长，为人之道也。”

这个故事世代流传，直到今天仍然是家长教育孩子时所津津乐道的。孔融这个人一生特立独行，后来因为对曹操的所作所为毫无顾忌地讽刺和批评，被曹操杀掉了。“孔融让梨”这一故事所表现出来的就是悌的行为，这就是他之所以能够取得后来的所有成就的道德基础。

悌道所表现出来的兄弟之爱，如同父子之亲一样，也是起于天性的，它是父子之亲这种感情的延续，是一种自然延伸。所以我们说悌道的实现，其实也是孝道的体现，悌是孝的表现形式之一。

兄友弟悌，哥哥友爱弟弟，弟弟尊重哥哥，保证了家庭的和睦，就会让自己的父母心中感到莫大的慰藉。这样他们才可以满心欢喜地含饴弄孙、颐养天年，家庭也会呈现其乐融融的景象。

同样，正如孔子所说："父母唯其疾之忧。"（《论语·为政第二》）

这句话什么意思？东汉经学家马融在作注的时候解释说：父母对自己子女的担忧，应该只限于担忧他们的疾病。也就是说作为子女，必须要让自己的父母不为自己担忧，而先天性或遗传性疾病，是人力所无法控制的，那么父母因为子女的疾病而担忧，就是自然的、正常的，也是我们所无能力解决的。但除此之外，不应该让父母有其他任何的担忧，兄弟之间如果友爱，就做到了不让父母担忧。如果兄弟不和，那么这个家庭就不可能安宁，父母的心就不可能安定；如果兄弟之间每天你争我夺，甚至为了利益反目成仇，那么必然会招致别人的嘲笑，别人不但会笑话这个家庭，也必然会嘲笑他们的父母管教无方。这就严重违背了"弗辱"的孝道精神。兄弟不睦，是最容易被他人非议的家丑，所以说兄弟之间相互友爱也体现孝道中的"弗辱"。

在传统的中国，四世同堂、五世同堂的家庭是很多的，在这样的家庭之中，悌道是必须要贯彻和落实的。假如没有了悌道的话，这种家庭就会矛盾重重，就会四分五裂。正因为实现了悌道，才能真正保证家庭的和睦，才能够真正地实现孝。由此可见，孝悌自始以来就是连在一起的。那么有了孝悌之心以后，这种爱心就会自然而然地向外推及，这也就是儒家所说的推己及人的精神。所谓推己及人，一方面是孝悌之心自然地向外流露，更重要的一方面，它是“大孝尊亲”的具体实践。

儒家所有的人伦关系在落实的时候都是相互的：父慈子孝、君敬臣忠、夫义妇顺、兄友弟恭、朋友有信，这一点是我们学习和了解儒家思想必须要明确的。后世之所以对儒家有种种的误解、歪曲，甚至有很多极端反对儒家的做法，就是因为这些关系在发展过程中，受到了皇权、私欲等诸多因素的影响，由双向的对等关系而变成了单向的义务要求，从而出现了很多不应该出现的错误和悖逆，甚至造成许多不应该发生的悲剧。回归传统，就是要追根溯源，重新寻找儒家思想的意义和价值，对孝悌之道的思考同样如此。

同时，我们还知道落实孝悌之道不仅仅是一家一姓之事，同样也是一乡一国之举，因为孝悌之行和尊长养老密不可分：

> 民知尊长养老，而后乃能入孝弟。民入孝弟，出尊长养老，而后成教，成教而后国可安也。君子之所谓孝者，非家至而日见之也。合诸乡射，教之乡饮酒之礼，而孝弟之行立矣。
>
> 《礼记·乡饮酒义》

这句话是说老百姓如果懂得尊重长辈、奉养老人，那么就可以被称为孝悌之人。如果百姓有了孝悌之心，而且能够在与人交往的时候尊长养老，这个时候就可以实现社会的教化。整个社会和谐安定了，国家就可以安定，就可以富强。君子的孝行，并不仅仅体现在日常家庭生活之中，同样体现在乡射礼、乡饮酒礼这些礼仪形式之中。

通过这个推理，我们可以看到儒家思想由内而外的一个渐次推进。于是乎，孝悌之道便有了再度的延伸。“老吾老以及人之老”是孝道的延伸，“敬天下之为人兄者”是悌道的延伸。尤其是悌道，由家庭中弟弟对兄长的态度推扩成为为人处世、尊长敬贤的重要原则。

> 夫为人子者，三赐不及车马，故州闾乡党称其孝也，兄弟亲戚称其慈也，僚友称其弟也，执友称其仁也，交游称其信也。见父之执，不谓之进不敢进，不谓之退不敢退，不问不敢对。此孝子之行也。
>
> 《礼记·曲礼上》

《曲礼》中的这段话更为直白地说明了这个道理。对父母的孝可以通过对国君所赐车马的合于礼法的拒绝来实现，可以通过邻里乡党、兄弟亲戚、同僚挚友、朋友熟人等的赞美评价来实现，还可以通过对待父执的谦恭守礼、谨言慎行来实现。

“三赐”是古代的一种礼，指为官之人一而再、再而三地收到君长的赐命封赏。“一命而受爵”，是说第一次赐给他的是爵位。“再命而受衣服”，是说第二次赐给的是衣服。“三命而受车马”，是说第三次得到的赏赐就是车马。因为在中国古代只有那些地位高的、有道德的人才有资格获得车马，普通人是没有机会得到车马的。所以说从政者，如果能够在三赐的时候得到车马，这可以说体现了他对国家的贡献，也体现了国君对他的礼遇和尊重。“夫为人子者，三赐不及车马”是什么意思呢？是说受到封赏的从政者，如果他的父亲还在世，甚至他的父亲同样在朝为官，那么他在第三次受到封赏的时候，要推辞掉君长赏赐给他的车马。他不可以接受，为什么？因为如果他的父亲没有得到这样的礼遇，做儿子的却得到了，这是对父亲的一种变相的羞辱甚至嘲弄，所以说做儿子的不能够接受这种赏赐，这是尊亲的表现。

“三赐不及车马”的要求主要针对的对象是谁呢？是卿、大夫、士这个阶层的人。而对于天子和诸侯，并不作这样的要求。为什么？因为天子、诸侯他们的儿子即使获得了车马，即使得到最高的礼遇，也不会超过天子之礼、诸侯之礼，所以说对他们的子女就没必要作这一要求了。但是卿、大夫、士，就必须要充分考虑到自己的行为会给自己的父亲带来如何的影响。为人子女者如果做到了这一点，就会受到大家的好评：

> 州闾乡党称其孝也，兄弟亲戚称其慈也，僚友称其弟也，执友称其仁也，交游称其信也。

也就是说，他会由此而得到自己的州闾乡党、兄弟亲戚、同僚、和自己志同道合的朋友、平时和自己有交往之人的好评。

“见父之执”，也就是见到父亲的朋友的时候，“不谓之进不敢进，不谓之退不敢退，不问不敢对”。见到父亲的朋友，要持守什么样的礼呢？对方不让他往前走，就不敢往前走；不让他退下，就不敢退下；没有发问的时候，不敢轻易开口。这才是“孝子之行”。

通过这段话，我们就可以更清楚地看到，当一个人为人子、为人弟的时候，孝悌之行是何等的重要。它不仅可以覆盖孝子在家庭和社会每个方面的言行举止，更是可以通过孝子立身行道的每个方面来落实。孝道可以由此而实现，悌道由此而扩展。

> 子曰：“弟子入则孝，出则弟，谨而信，泛爱众，而亲仁。行有余力，则以学文。”
>
> 《论语·学而第一》

> 荀子曰：“入孝出弟，人之小行也。上顺下笃，人之中行也。从道不从君，从义不从父，人之大行也。”
>
> 《荀子·子道篇》

悌道的概念于此被扩大和推及社会中没有血缘关系的尊长身上，成为为人处世的基本礼节，尤其是对父执和友朋中的年长者的礼节。

“入则孝，出则弟”，即在家中要孝养父母，在外要恪守悌道。悌的意义在这里其实已经被外化了。所以到了清代，李毓秀在编写《弟子规》时，于“出则悌”一节中写得非常清楚，就是弟子在面对尊长时的礼仪规范。就像上文所引的“孝子之行”：不谓之进不敢进，不谓之退不敢退，不问不敢对，《弟子规》把这种行为明确为悌的行为。通过这些细节，我们可以看到，悌道已经由对待与自己有血缘关系的兄长，延伸到了年龄和地位都高于自己的那些与己相关，但并没有血缘关系的人。

由于孝悌具有这种自然而然向外流露的特质，所以孝悌之心在推及他人的时候，就会产生良好的社会效应，甚至可以成为治国的根本之法。

> 老吾老，以及人之老；幼吾幼，以及人之幼。天下可运于掌。《诗》云：“刑于寡妻，至于兄弟，以御于家邦。”言举斯心加诸彼而已。故推恩足以保四海，不推恩无以保妻子。古之人所以大过人者，无他焉，善推其所为而已矣。
>
> 《孟子·梁惠王上》

> 有子曰：“其为人也孝弟，而好犯上者，鲜矣！不好犯上，而好作乱者，未之有也。君子务本，本立而道生。孝弟也者，其为仁之本与！”
>
> 《论语·学而第一》

由此，孝悌作为一个整体，也就成为落实礼乐教化的重要手段，成为以孝治天下的思想中不可或缺的重要环节。

> 教民亲爱莫善于孝，教民礼顺莫善于悌，移风易俗莫善于乐，安上治民莫善于礼。

儒家的教育，就是要在日常生活、人伦日用中时时处处注重培固孝悌的根基。儒家的教化，就是要将这种以孝悌为本的道德意识融入社会的每个层面。

孝悌的思想，就这样在其发展过程中，逐渐地走出了家族，走出了血缘关系，而变成了具有更加广泛的社会性的行为。所以说儒家的每一个价值，它的内涵和外延都不是完全固化的。一方面，它会随着时代的变化逐渐地发生着变化；另一方面，每一个价值和其他价值之间的关系，也不是对立或者相离的关系，而是一种相交或相融的关系。很多的价值观念，我们都可以用类似的其他的价值观念去解释。而正是由于这种交融性，才使得儒家所有的价值有机地成为一个整体。它有别于西方逻辑学上由此及彼的推理和演绎，是一个你中有我、我中有你、自然浑成的整体。

2 悌道的两个具体表现

悌道的具体表现，主要包括内外两个方面：

在内而言，具体表现是在家族中要实现全族的和睦，必须要遵循悌道。对于族中的兄长，也要以对待自己兄长一样的态度来对待他。进而由对族兄的这种尊重，推及对凡是家族里所有年长者的尊重。这种尊重是有别于对无血缘关系的他人的尊重的。比如在吊丧方面就具体体现了这种区别：

> 有殡，闻远兄弟之丧，虽缌必往；非兄弟，虽邻不往。
>
> 《礼记·檀弓上》

有人出殡，如果去世的这个人是自己的同族兄弟，就算自己和死者的亲戚关系比较疏远，也要去参祭。“闻远兄弟之丧”，这里所谓的“远兄弟”，指的就是和自己的关系已经比较疏远的有血缘关系的族中兄弟。在中国的古代，根据血缘的远近，在丧服制度上有一个规定叫作“五等丧服”，也就是我们现在所说的“五服”。现在我们民间也经常说“我们没有出五服，所以我们还是亲戚。如果出了五服，就不是亲戚了”。在古代，有人去世后，他的亲戚会根据与他亲疏远近的不同，而穿戴不同等级的孝服。由亲至疏可将孝服分为五种，并根据与丧主关系的亲疏规定了不同的服丧期。即斩衰（cuī）（粗麻布不缝边的丧服），服丧期三年；齐（zī）衰（粗麻布缉边缝齐的丧服），服丧期有三年、一年、五月、三月之别；大功（用熟麻布做成的丧服，较齐衰稍细，较小功为粗），服丧期九个月；小功（以熟麻布制成的丧服，较大功为细，较缌麻为粗），服丧期五个月；缌麻（五服中之最轻者，孝服用细麻布制成），服丧期三月。

我们刚才这一段文字里提到的“闻远兄弟之丧，虽缌必往”中的“缌”就是指缌麻。即使是缌麻亲的兄弟，也就是最远的第五服的远房兄弟、表兄弟，他有丧事我也必须要亲自到场去吊唁，去参加他的丧礼。“非兄弟，虽邻不往”，如果不是自己的兄弟，即使是邻居也不去。这是儒家规定五等丧服所希望规范的礼法行为，通过这种行为强化的是人和人之间的亲缘关系和身份定位。只要是我的亲人，哪怕他和我的亲属关系已经到了最疏远的程度，我们也是要认真地去对待，他们的丧事也一定要到场。所以说丧服制度，是儒家人伦关系非常重要的表现形式，是儒家礼仪规范的基础。

通过对丧事的不同态度表明，即使已经是第五服缌麻亲的族中兄弟、表兄弟，也必须依礼而吊丧，“以兄而事之”，要像对待自己的哥哥一样对待他。这就是在家族中实现悌道的具体表现。

那么在外而言，就体现在交游之中，也就是说在和自己有交往的人中，凡是年长者，我们都要以事兄之礼来事之，进退语默概不能外。也就是说我们要像对待自己的哥哥一样来对待他们。这一方面反映的是对他人的尊重，更重要的是这些行为所反映的是仁者之行、孝子之行。《孝经》中关于孝的初步延伸有这样两句话：

> 事兄悌，故顺可移于长。
>
> 《孝经·广扬名章第十四》

> 教以悌，所以敬天下之为人兄者也。
>
> 《孝经·广至德章第十三》

《礼记·曲礼上》也记载：

年长以倍，则父事之。十年以长，则兄事之。五年以长，则肩随之。

对待年长者的态度和方式因对方的年龄或有不同，但以事兄之心去事长，以敬兄之心去敬他人之兄，这就是儒家文化中对人的礼敬之心，也是孝悌之道的扩展和延伸。同时，正是因为这种推而广之的礼敬，才使得心与心之间的距离不再遥远，人与人之间的关系不再冷漠。

“礼者，敬而已矣。故敬其父，则子悦；敬其兄，则弟悦；敬其君，则臣悦；敬一人，而千万人悦。所敬者寡，而悦者众。此之谓要道也。”

这里的敬带来的是社会的普遍和谐，也是儒家所追求的大同世界的一个侧面。

通过以上的梳理，我们可以看到，孝悌既是修身之本，又是齐家之法，同时还是为政之道。对此，儒家的经典中多有论述。

身修而后家齐，家齐而后国治，国治而后天下平。

《大学》

惟尔令德孝恭。惟孝，友于兄弟，克施有政。

《尚书·周书·君陈》

孝乎惟孝，友于兄弟，施于有政，是亦为政。

《论语·为政第二》

故孝弟忠顺之行立，而后可以为人，可以为人，而后可以治人也。

《礼记·冠义》

3 在当下社会落实悌道需要注意的几个问题

以上是关于孝悌治国的一些论述。那么在我们当代社会，实现悌道依然要和孝道结合在一起。家庭和睦是孝悌之道的核心要义，邻里和谐、长幼有序也是孝悌之道的应有之意，也应该是今天的我们要重点把握的悌道的核心内涵。

由于现代社会实行计划生育，出现了为数众多的独生子女家庭，而且男女平等的观念已经深入人心，所以在家族中行悌道，就必须要适应时代，慎重考虑，尤其是要从我们的堂兄弟姐妹、表兄弟姐妹这些关系里边去考虑了。

同时，由于城市居住环境的多元化，当代人的居住环境相比之前发生了翻天覆地的变化。传统意义上的家族、宗族在城市中基本已经不复存在了，几世同堂的大家庭也基本上绝迹了。所以邻里乡党之间的关系，社区的人际关系，也是我们要重点思考的新问题。我们现在的悌道，主要应该体现在不同时期的同学、同乡、战友，以及现代式的亲属之间、邻里之间。

同样，在陌生人群之中如何遵循悌道，也是我们要认真考虑的问题。对陌生的年长者的礼貌和尊重，也直接反映了悌道。有了悌道的落实，我们可以顺利地打通人与人之间的陌生感和疏离感，消除不信任感，打破紧张气氛，创造和谐欢乐的环境，进而相互关照，和睦相处，实现社会和人际关系的和谐。

但是，随着物质利欲的浸染、侵蚀，中华民族邻里相助、与人为善的良好品格在很大程度上受到破坏和灭失，人心不古、世风日下，甚至人伦颠倒、道德沦丧。女大学生失踪被拐卖屡见报端，老人跌倒有人扶起来后产生的后续纠纷也经常出现；一言不合便大打出手甚至“激情杀人”的问题时有发生……面对如此现实，在我们实践悌道的过程中，要格外地注意自我的保护，要把保护自身安全作为行悌道的前提，不要让自己的善良被人所欺、所骗，不要让我们因为爱心成为被人利用和伤害的对象。而现实的问题是在我们成长的过程中受到的有关安全意识和自我保护能力方面的教育是非常欠缺的，这是我们当下在实行悌道的时候，首先要格外注意的问题。

儒家文化中的悌道是我们在社会中感受到幸福和温暖的源泉，然而由于在当下社会中的缺失，我们已经越来越难以有真实的感受了。但是悌道的思想，在日本、韩国，仍然有着非常深远的影响，而且也保存得比较完好。

比较典型的现象就是中小学班长选举的问题。为了培养所谓的竞争意识，我们多数学校班干部的任命采用的是民主选举的方式。但是有个别的地方个别的学生为了当选班干部而采取抹黑对手甚至贿赂同学和老师的方式，更有甚者还因为自己的目的不能实现而对老师拳脚相加。这些做法不仅无助于良好风气的培育，甚至会让学生过早地被不良风气污染，造成拉帮结派、攀比阿附的不良现象。

但笔者曾经接触到的多个韩国学生班级在班长的选举中却十分简单和和谐。新班级组建时，所有同学便相互自我介绍，在介绍自己名字的同时会直接明示自己的出生年月日。这样的话班级中年纪最大的同学便自然承担起班长的职责。而同学之间在班级生活中的相互称谓也多是很温馨的——年幼者对年长者以哥哥、姐姐相称，年长者对年幼者以昵称相称。整个班级就像一个大家庭，其乐融融。同样，老师和学生之间的关系也有我们传统的“师生如父子”的感觉。在日本的社会中，这种现象也和韩国基本类似。

古人讲“礼失求诸野”，就是说我们如果丢失了自己本有的礼节，就要从周边的国家去寻找。既然韩国、日本孝悌的礼节保存得很完好，我们就应该向他们学习，把我们民族的这些宝贵的精神财富找回来，让它们重新焕发生机。

> 教民亲爱，莫善于孝。教民礼顺，莫善于悌。移风易俗，莫善于乐。安上治民，莫善于礼。
>
> 《孝经·广要道章第十二》

这四句话便是我们理解孝悌之道的核心和关键所在。

第六章 孝悌而敬

1 如何做一个孝敬父母的人

如果说由孝敬父母双亲到友爱兄长是儒家思想对孝的初步延伸，那么由孝敬双亲到敬爱他人则是对孝的进一步延伸。儒家思想倡导走出家族关系，走出血缘关系，推己及人履行孝道，孟子的“老吾老以及人之老，幼吾幼以及人之幼”是对儒家推恩思想最好的诠释。今天的我们，应该在厘清被误读的儒家真精神的前提下，继承和发扬华民族传统的孝道，学会由孝亲而敬人。

我们前面提到过,《礼记》开篇就有一句话叫作“毋不敬”，这个“敬”的思想，可以说是儒家孝悌思想外化以后最主要的表现。

当然，这个“敬”字还是先从对父母的敬开始的，这也是儒家思想不二的选择。敬父母的第一步就是先敬自己的身体：

> 曾子曰："身也者，父母之遗体也。行父母之遗体，敢不敬乎？居处不庄，非孝也；事君不忠，非孝也；莅官不敬，非孝也；朋友不信，非孝也；战陈（同"阵"）无勇，非孝也。五者不遂，灾及于亲，敢不敬乎？"
>
> 《礼记·祭义》

《孝经·开宗明义章第一》也讲："身体发肤受之父母不可毁伤。"我们在对待自己的身体时，必须要像对待父母那样尊重，因为我们的身体是父母给的。如果我们在有些方面做得不好，我们的父母就会直接地受到羞辱，甚至会给父母带来灾祸。那么我们需要在哪些方面时刻警惕呢？要时刻提醒自己注意以下五个方面：

"居处不庄"，一个人退居默处也好，和别人交往也罢，行为举止不庄重，思想态度不端正，这是一种非礼的行为；

"事君不忠"，在事君的时候没有尽忠之心，这是一种失德的行为；

"莅官不敬"，面对自己的官长时缺乏敬意，以及在自己担任官职的时候，对自己的本职工作没有敬意，这是缺乏职业操守的行为；

"朋友不信"，和朋友交往的时候不讲信用，不被朋友所信赖，这也是一种失德的行为；

"战陈无勇"，在战场上打仗的时候没有勇气，这是一种懦弱和没有担当的行为。

从表面上看，居处不庄、事君不忠、莅官不敬、朋友不信、战陈无勇这五种行为和我们日常所理解的孝行并没有直接的联系，那为什么古人仍将其定为“不孝”呢？是因为如果这五者不能实现的话，“灾及于亲”，就会给自己的亲人带来灾祸，所以，“敢不敬乎”？

2 由孝而敬　爱有差等

通过《礼记·祭义》中的这一段话我们不仅可以清晰地看到“敬”的基本含义，也沟通了“敬”与“孝”的关系。“敬”是由“孝”发展而来的，并由最初的敬亲扩展为敬人，而这种扩展，直接反映了儒家核心价值的社会教化功能。

> 子曰：“君子之教以孝也，非家至而日见之也。教以孝，所以敬天下之为人父者也。教以悌，所以敬天下之为人兄者也。教以臣，所以敬天下之为人君者也。《诗》云，‘恺悌君子，民之父母。’非至德，其孰能顺民如此其大者乎！”
>
> 《孝经·广至德章第十三》

这一段话是说，孝悌的精神“非家至而日见之也”，君子以孝道去教化人民，并不是说挨家挨户都要走到，天天当面去教人行孝，而是以孝道教育人民，让天下所有做父亲的人都受到尊敬；以悌道教育人民，让天下所有为人兄长的人都得到尊敬；以臣道教育人民，使得天下做君王的都能得到尊敬。这就要求我们由最初的、对父兄的孝和敬，扩大为对没有血缘关系的尊长的基本礼节。其中有我们上一讲讲过的由孝亲而敬兄的悌道，也有我们这一讲讲的由孝亲而敬他人的观念，还包括我们下一讲要讲的移孝作忠的思想。

先王见教之可以化民也，是故先之以博爱而民莫遗其亲，陈之于德义而民兴行，先之以敬让而民不争，导之以礼乐而民和睦，示之以好恶而民知禁。

《孝经·三才章第七》

“博施于民而能济众”（《论语·雍也第六》）就是儒家所倡导的博爱精神。换一个说法就是儒家“仁民”的思想，或称为“泛爱众”的思想。这种思想和现代西方所讲的博爱思想有着本质的区别，因为儒家的博爱是基于爱之差等的。

君子之于物也，爱之而弗仁；于民也，仁之而弗亲。亲亲而仁民，仁民而爱物。

《孟子·尽心上》

从孟子的这句话我们可以看到儒家明确强调爱是有差等和不同的。“于物”“于民”“于亲”的爱是要有明确的分别的。这里的“亲亲”是狭义而言的，指子女对父母的孝。

有人在这个地方有着深深的误会和误读，认为儒家强调的这种关系不包含女性，他们的理论支持就是儒家强调女子“三从四德”。所谓的三从四德，具体而言就是“在家从父，出嫁从夫，夫死从子”。在宋明以后，这个观念成为对女性的严重限制和束缚，强调女子的行为必须要严格遵守三个服从——在家的时候要服从于父亲，出嫁以后要服从自己的丈夫，丈夫去世后要服从自己的儿子。将“三从”的“从”理解为“服从”严重违背了儒家思想的核心价值，也可以说，这是对儒家思想的严重误读，或者说是披着儒家外衣的一种伪儒行为。

为什么说这是对儒家思想的误读呢？我们通过《孝经》就可以看到：

> 资于事父以事母而爱同。
>
> 《孝经·士章第五》

为人子女，要像对待父亲一样来对待母亲。这是为什么？因为父母都是子女的尊长，我们给予父亲和母亲的爱在位格上是相同的，但稍有尊卑之别，“事母”是取法于“事父”的行为，“事父”尊于“事母”。这与儒家将父母比作天地，并强调天尊地卑的思考是一致的。因此《礼记·丧服四制》明确表述：

> 资于事父以事母，而爱同。天无二日，土无二王，国无二君，家无二尊，以一治之也。故父在，为母齐衰期（zī cuī jī）者，见无二尊也。

尽管父母在位格上有尊卑，但在子女的角度却都处于尊位。这种关系通过丧服以及服丧期限的具体规定清晰地表达了出来。

子女在服丧时，在丧制上，为父亲服斩衰丧，为母亲服齐衰丧；在丧期上，《礼记·丧服四制》里有明确的规定："父在，为母齐衰期。"意思是父亲还健在时，母亲过世，那么母亲的丧期是一年，也称"期（jī）丧"。但如果父亲过世后母亲过世，则要为母亲服"齐衰三年丧"。

> 疏衰裳齐，牡麻绖，冠布缨，削杖，布带，疏屦三年者，父卒则为母，继母如母，慈母如母，母为长子。
>
> 何以三年也？父之所不降，母亦不敢降也。
>
> 《仪礼·丧服·子夏传》

"父之所不降，母亦不敢降也。"通过这一点，可以充分地证明，在先秦时期的儒家，强调孝是对于父母双方的，而并不只是对于父亲。同样，"子"也并不仅指儿子，而是对子女的合称。

而且更为巧合的是，我们所熟悉的儒家的重要人物孔子和孟子，都是"自幼失怙"，从小父亲就去世了，都是由母亲带大的。

孔子的母亲颜征在带着 3 岁的孔子离开出生地陬邑，在其娘家所在地曲阜的阙里长大。

孟子的母亲仉（zhǎng）氏，也是带着孟子多次搬迁，"孟母三迁"的故事在中国家喻户晓。仉氏几次搬迁，最后搬到了一个学宫的旁边，使得孟子能够在这里受到良好的影响和教育。所以孟子后来的所作所为，他所取得的成就和他母亲的教育是分不开的。

而在孔门若干弟子中，以孝而著称的曾子、子路和闵子骞，他们最突出的孝行——曾子的“啮指心痛”、子路的“百里负米”、闵子骞的“芦衣顺母”，都主要是针对母亲的。

以上种种，我们看到的都是为人子女者对母亲的敬和孝，而丝毫看不到“丈夫死后要服从儿子”的影子。所以这是在“亲亲”方面我们需要厘清的一个重要概念。换句话说，子女对于父母之孝，在儒家的思想中是同等重要的，并不存在“母亲必须要服从儿子”这样悖逆人伦的荒唐做法。

接下来我们看一下“仁民”。仁民的思想，就是孟子所说的“老吾老以及人之老，幼吾幼以及人之幼”的思想。这是一种推恩的做法，由对自己父母之爱、之孝推及他人身上的一种广泛而普遍的爱。

那么“爱物”的思想，是对于天地万物的一体之爱，这也是由“孝亲”的思想推及和衍生出来的。这种思想在北宋大儒张载的一篇名为《西铭》的文章里有清晰而简练的表达：

> 乾称父，坤称母。予兹藐焉，乃混然中处。故天地之塞，吾其体；天地之帅，吾其性。民吾同胞，物吾与也。

他提到了“民吾同胞，物吾与也”，是说所有的人民都是我的同胞，所以我要爱他们；万事万物都和我有密切的关联，所以我也要对它有爱心。

3 如何理解儒家的“爱有差等”

《孟子·尽心上》里明确分疏的“亲亲”“仁民”“爱物”的思想，就是儒家思想最重要的表现，这也就是孟子自己所提到过的“爱有差等”的思想。

儒家的这一思想，曾经一度受到了墨家的强烈抨击和反对。在战国时期开创了墨家学派的墨子曾提出过一个重要的思想，叫作“兼爱”，意思就是“爱无差等”，要像爱父母一样，爱天下所有的人；要像敬父母一样，敬天下所有的人。但是儒家认为这是不对的，因为如果用爱父母的心爱天下人，反过来也可以说，用爱天下人的心来爱父母。如此的话，怎么能够体现对父母的至爱？父母对子女有生养之恩，也有三年不免于父母之怀的无微不至的呵护和关爱。这些都是他人所不曾给予我们的。即使从报恩的角度讲，子女都应该用一生的孝和爱来回报父母的生养之恩。而如果像爱天下所有人那样来泛泛地爱父母的话，无异于禽兽的所作所为。当时儒、墨之间在这个问题上产生了重大的分歧。所以孟子曾经感慨：

> 杨、墨之道不息，孔子之道不著，是邪说诬民，充塞仁义也。仁义充塞，则率兽食人，人将相食。吾为此惧，闲先圣之道，距杨、墨，放淫辞，邪说者不得作。
>
> 《孟子·滕文公下》

在此基础上，孟子更进一步明确提出：

杨氏为我，是无君也；墨氏兼爱，是无父也。无父无君，是禽兽也。

孟子“辟杨墨”，所维护的便是儒家“爱有差等”和“推恩”的核心精神。

到了后世，也有很多人批评儒家，认为儒家没有公平，没有平等。说“爱有差等”体现的是一种人和人之间的不平等。这种批评实则是罔顾人性本然，刻意拔高道德要求的做法。因为任何社会和时代都不可能有绝对的公平和绝对的平等，就好像人的社会地位和智力水平永远都不可能有绝对的均等一样。

尽管受到了诸多批评，儒家依然坚持爱是有差别的，对父母的爱和对他人的爱是不能等同的。“爱有差等”的思想可以说是历代儒者所坚定守护不肯动摇的基本信念，也可以说是儒家思想的核心和基石。

为什么儒家会有这样的自信，为什么要强调爱是有差别的？因为儒家的思想是从孝道衍生出来的。在儒家看来，只有符合孝的行为，才是自然的，才是正常的，才是符合人类普遍情感的，才是合乎于人情人性的。我们产生于孩提绕膝之时对父母的孝心和落实在追念仙逝的父母时的孺慕之爱是不可能一视同仁地分给所有人的。同样，几十年朝夕相处、日夜相伴的兄弟之情，以及相濡以沫的夫妻之情，还有对子女的舐犊之情，都是远远地超越于其他情感的，这是无须刻意培养却能发自内心的最本真的情感，所以它自然应该高于其他的情感，所以说，“差等之爱”才是毫无虚伪和做作的真实的爱。罔顾这种情感，强调绝对平等的无差别之爱，都是有违人性而被儒家反对的。

同时，儒家的这种爱绝非因为自私，更非一家一姓的事情。这种爱本质上强调和重视的是对社会的责任和担当，对天下苍生的担当和使命。而这种担当和使命的培养，是离不开也不能够脱离对父母的孝、对兄长的悌、对妻子的情、对子女的爱的，它是在这几种情感的基础上的一种推恩、一种外化。

孟子曾对齐宣王说过这么一段话，很好地阐释了这种思想。

> 《诗》云:“刑于寡妻，至于兄弟，以御于家邦。”言举斯心加诸彼而已。故推恩足以保四海，不推恩无以保妻子。古之人所以大过人者，无他焉，善推其所为而已矣。今恩足以及禽兽，而功不至于百姓者，独何与？
>
> 《孟子·梁惠王上》

就是说把仁爱之心用在“推恩”这样的事情上，用自己的所作所为给自己的妻子做个榜样，同时要影响到兄弟，进而用来治理封邑和国家。如果能够践行由内而外、推己及人这种“推恩”的思想，就可以使一个天子、一个国君保有四海；如果不能够推恩的话，就连自己的妻子和儿女都无法保全。古代的那些圣明之君，那些贤能之人，他们并没有什么特别的过人之处，只不过是善于推其所为而已。梁惠王的恩德甚至能够惠及动物，但是却不能够让百姓得到恩惠，这究竟是怎么回事呢？

在这里我们可以看到，孟子强调的是儒家的一个重要观念——我们的所作所为、我们的情感，是要由内而外自然生发的，是要有差等的。对父母之爱，要能够推及其他的尊长；对家人的感情，要可以推及他人。

这就是"爱有差等"的次第——首先由"亲亲"推及"仁民"，即对于人的一种关爱；然后由"仁民"再次推及"爱物"，即对万物的珍惜和爱护。我们不能够打乱这样的顺序。孟子曾劝告过齐宣王说，"物皆然，心为甚"，万物之理都是这样的，而我们的心，在对待这种事情上应该是更为不能回避和忽视的。比如我们看到动植物死亡时，心中的不忍和同情是远远比不过看到人类死亡时的恻隐和悲伤的。同样，对待他人尤其是陌生人死亡时的痛心也是永远都比不过面对父母妻儿等至亲之人的死亡时的深哀巨痛的。

这就是人性，也是天性。由此我们可以清楚地看到儒家"爱有差等"思想的高明之处。孔子所强调的"夫仁者，己欲立而立人，己欲达而达人"(《论语·雍也第六》)，也是基于这种思想而做出的对人的自我道德和担当精神之间关系的具体设定。以己及人，这才是真正的仁者之心。

4 从敬老养老看"孝道"落实

同样的道理，中国古代法律思想中，从孔子"其父攘羊，其子证之"的事例发展而来的"父子相隐"的"直道"思想，到汉代发展为"亲亲相隐"，再到唐代扩充为"同居相为隐"，再到明清时代进一步扩大到五服亲属，如岳丈和女婿之间的相互容隐以及再扩大到雇工对雇主的容隐，这一法律制度的形成以及随时代的前进不断扩充和变化，恰恰反映了儒家“推己及人”思想的渐次发展的过程。

在当代中国，虽然敬老养老的传统得到了社会的高度认同，再度成为我们社会所推崇的一种风气，但随着金钱物欲对世道人心的不断浸染，虐待老人、遗弃父母的现象，仍然时有发生。这种现象既有悖于儒家的优良传统，同时也和现代法治文明建设的精神格格不入。

在《中华人民共和国宪法》第 45 条规定：“中华人民共和国公民，在年老、疾病或者丧失劳动能力的情况下，有从国家和社会获得物质帮助的权利。”这是当代社会福利保障的体现，同时也与中国传统的邻里相助、养老敬老的思想相合。

宪法第 49 条也明确指出：“父母有抚养教育未成年子女的义务，成年子女有赡养扶助父母的义务。”这是从法律上规定了父母与子女之间相互的责任和义务关系，也是现代国家对人权的基本保障。这一思想更加符合儒家思想中父母子女之间的关系和责任。

同样，在《中华人民共和国老年人权益保障法》中，对这个问题也做出了更加详尽的规定。第 4 条指出：“老年人有从国家和社会获得物质帮助的权利，有享有社会发展成果的权利。”第 47 条指出：“暴力干涉老年人婚姻自由或者对老年人负有赡养义务、扶养义务而拒绝赡养、扶养，情节严重构成犯罪的，依法追究刑事责任。”

一部是根本大法，一部是专门保护老年人权益的部门法。可以说它们从法律上充分体现了当代中国对老年人的高度尊重和重视。

但遗憾的是，这两部法律虽然体现了当代中国伦理思想的巨大进步，但由于整个社会对老年人权益保护的意识还远远没有达到较高的程度，所以这些法律的实际操作性是很差的，直接影响了老年人应当享有的各种权利的顺利落实。

尤其是《老年人权益保障法》出台之后，社会影响微乎其微，主要原因在于其中基本都是一些原则性的法律条文，对于具体的操作，以及如何体现、如何落实老年人权益的保障，并未做出切实可行的明确规定。所以应该需要尽快出台一部实施细则与《老年人权益保障法》相配套，以真正保障老年人的合法权益。

随着当代中国老龄化社会的逐渐临近，对这一问题的重视和研究也是刻不容缓的。

现实生活中的种种问题表明，在当代要继承和发扬中华民族传统文化中的“孝道”，应该着重做好以下两方面的工作。

一方面，继续追根溯源，肃清不符合儒家真精神但却被冠以儒家之名的种种不良思想的影响。

做到这一点在当下可以说是非常困难的，因为现在的社会，有不少人对儒家思想抱有误会和偏见，尤其是受到了西化风气影响而迷信西方的人，他们很难真正深入地思考儒家思想。他们粗暴而简单地理解“爱有差等”“孝亲忠君”等思想，并错误地认为这些思想违背了当代社会提倡的自由、平等、民主、博爱的所谓普世价值。他们并没有看到这种思想不是对人性的约束，反而是一种可以让人内心充实和安定的东西，甚至是充分尊重人的自由选择权利并真正实现博爱的正道和坦途。

最典型的一点，就是在对待子女的婚姻问题上，做父母的，要么完全地放任自流，按照所谓的自由发展、自由婚姻来对待，对子女的闪婚、试婚等不良的婚姻观念不闻不问；要么仍然还有包办子女婚姻的顽固心态。在某些地方，这样的事时有发生，甚至发生了因为干涉儿女婚事酿成命案的人伦惨剧。包办婚姻这种思想的实质是将儿女当作私有财产，认为父母养大了子女，其婚姻就必须要听命于父母，这种思想在当代社会依然还可以在很多人身上看到。它一方面违背了我们现代的法治精神，另一方面也违背了儒家的真精神。

同样，时下普遍存在的“重男轻女”现象，其实质是由于误会了孟子“不孝有三，无后为大”的思想而产生的错误观念。

我们经常可以在基层或者是一些新闻报道中听到一个词——父母官，他们用这个词来称代那些县级领导，甚至有个别的领导，自己也以父母官而自居。这种现象得以存在，也是有着传统渊源的。在中国古代，官员就被称为父母官，但是我们过去儒家思想中所说的父母官是从“恺悌君子，民之父母”(《诗经·大雅·泂酌》)这个角度而言的，作为民之父母，就要充分地爱你的子民。而我们现在的一些官员自称父母官的时候，却完全没有理解儒家将君主和官长比作父母官时对他们的责任和要求，是要他们用爱子之心去爱民。因为天下的父母绝大多数都是用无私的心去爱自己的子女的，所以称他们为父母官不是赋予他们无上的权利，而是要求他们尽到应尽的义务。但我们的有些基层领导在理解这个概念时却恰恰丢掉了“爱你的子民”这个意识，而强调的是——我是你的父母官，那么我就可以为所欲为，我就可以绝对凌驾于你的头上作威作福，甚至还出现在任官员质问记者是为党说话还是为老百姓说话的荒唐事件。这种现象之所以产生实际上是部分道德沦丧、人性沦丧的官员希望人民和下属仍旧像被伪传统所蒙蔽那样，由愚孝发展为愚忠进而盲从盲信，以实现自己不可告人的私欲目的，这已经完全违背了儒家思想。

另一方面，我们在厘清对传统思想的误读的同时，还要谴责那些弃养父母的不孝行为，深化敬老养老的社会风气。

有的子女为了自己的私利或所谓的面子，粗暴干涉父亲或母亲合法再婚；

有的子女在父母丧失劳动能力时拒不赡养父母；

有的子女虐待甚至抛弃父母。

对于以上的种种现象，我们应该通过舆论工具，乃至于法律的武器予以制止。老年人的身心健康与否，老年人在家庭中的地位如何，老年人在社会上影响力的高低，等等，都体现着一个社会的文明程度。

有一句俗话叫作“家有一老，如有一宝”，年迈的父母把他们的一生都奉献给了我们，我们现在应该怎样对待他们？有的时候我们可能会嫌父母唠叨、啰唆，觉得他们给我们的建议已经不再对我们有直接的帮助了，但是我们应该想到，父母之所以有唠叨、有建议，那是他们对我们的深切关爱，我们应该感受到父母的这种爱。在他们的唠叨和建议之中，包含着太多的人生经验和教训，这些都是值得我们去深深思考的。退一步讲，即使父母的建议已经毫无价值，但是他们出于对我们的疼爱而表现出来的唠叨对我们来说其实应该是一种幸福，我们应该珍惜这份幸福。如果有一天，我们再也听不到父母的唠叨，那个时候，我们就会心痛地发现，世界上最疼我们的那个人已经去了，等到那时再来追悔，再来感慨“子欲养而亲不待”就太晚了。

第七章 孝悌作忠

1 忠是对人对事的一种态度

“忠”的含义原本是十分广泛的，但是从《孝经》开始，逐渐缩小了忠的含义。忠的本义是什么？就是忠于本心，忠于我们自己的内心。所谓“我们自己的内心”，就是我们应该拥有一个真正的儒者所应具备的社会责任感、担当意识、奉献精神，这样我们才能真正做到忠。而忠最终要落实到的一点，就是我们的所作所为，都必须要对这个家庭、这个社会，对苍生、对天下有所回报、有所担当。在这一点上，忠的思想和儒家的修身思想别无二致。所以说，我们一旦真正了解了忠的本初含义之后，就真正把握了忠的精神。

忠作为儒家的核心价值之一，应该说是在现代社会被我们误读得最严重的，因为它和君的关系最密切。一谈到忠，就想到忠君。而且历史上的一些史实又告诉我们，漫长的历史过程中，忠君大多表现为一种愚忠。由此，一个看似正确的逻辑推理就产生了：

忠等于忠君，忠君等于“君要臣死，臣不得不死”，“君要臣死，臣不得不死”等于愚忠。

恰恰是在这样一个推理的过程中，不知不觉中就忽视或者说消解了儒家“忠”这一价值观念的真精神。

忠的思想产生之初，常常和信相连，指的是对人对事的一种正确态度：

曾子曰：“吾日三省吾身。为人谋而不忠乎？与朋友交而不信乎？传不习乎？”

子曰：“君子不重则不威，学则不固。主忠信，无友不如己者，过则勿惮改。”

《论语·学而第一》

这是帮助我们了解忠的非常重要的话，在这里忠和信都是连在一起而言的。

子张问曰：“令尹子文三仕为令尹，无喜色。三已之，无愠色。旧令尹之政，必以告新令尹。何如？”子曰：“忠矣。”

《论语·公冶长第五》

子曰："主忠信，毋友不如己者，过则勿惮改。"

《论语·子罕第九》

子张问崇德辨惑。子曰："主忠信，徙义，崇德也。爱之欲其生，恶之欲其死。既欲其生，又欲其死，是惑也！'诚不以富，亦祇以异。'"

《论语·颜渊第十二》

樊迟问仁。子曰："居处恭，执事敬，与人忠。虽之夷狄，不可弃也。"

《论语·子路第十三》

通过这些我们可以看到，忠的概念在儒家的思想中是非常重要的，尤其是先秦的儒家，把忠看得格外重要。那么这里的忠是什么呢？我们通过刚才这几个句子可以看到，没有一句话是完全强调对国君之忠的。第一句里边说"为人谋而不忠乎"，是说为别人谋划事情的时候，有没有尽心竭力。也就是说，忠的原始含义强调的是对人、对事的一种态度，就好像我们常说的"受人之托，忠人之事"一样，别人托我们做事情的时候，我们是不是能够尽心尽力地去做？这就是忠。有的时候可能这件事我们做不到，如果能直截了当地告诉对方说"对不起，我做不了"，这也是忠。如果明明做不到，还要假意说"没问题，我来做"，到最后做不下去了，不了了之了，这就是不忠。另外，在你能做到的事情上，你尽了多大的心力，也是尽忠与否的表现。可以尽到十分力，但是只用了五分力，这仍然是不忠的表现。因为我们本可以把这件事情做得更好。既然受人之托，就要忠人之事，就要尽己所能把这件事情做到尽善尽美。有时候也可能我们尽了力，但是没有达到最好的效果，可是在我们力所能及的范围内，已经做到了最好，这也是忠的表现。因此，朱子精练地表述为“尽己之谓忠”。所以说在儒家看来，忠的行为就表现为对人、对事尽心竭力的态度。

2 君敬臣忠 儒家精神

在《左传·曹刿论战》中也有这样的记载：

齐国将要攻打鲁国，鲁庄公打算应战。这个时候，有一个叫曹刿的普通人请求拜见庄公，要为庄公出谋划策。他的同乡人极力反对，说你是一个普通人，这件事情是“肉食者”——那些当官的人——应该去谋划的事，你去干什么？曹刿说：“肉食者鄙，未能远谋。”那些肉食者，那些有地位的人，目光短浅、见识浅陋，他们不能够谋划长远的事，我要来为国君出谋划策。于是他去拜见庄公，问了庄公一个问题：“何以战？”靠什么打仗？庄公给了他三次回答，只有第三次回答才是令他满意的。庄公第一次回答说：“衣食所安，弗敢专也，必以分人。”我会把我的衣食等生活必需品分给别人，不敢据为己有。曹刿认为这只是一些小恩惠，“小惠未徧，民弗从也”，小恩小惠不能遍及每人，老百姓不会跟从你的。庄公又回答说：“牺牲玉帛，弗敢加也，必以信。”我祭祀的时候诚心诚意，我用的玉帛牺牲，都是实打实的，不敢瞒报，不敢虚报，那么我会得到神的保佑。庄公说了这些话以后，曹刿说："小信未孚，神弗福也。"你这只是个小小的信用，不可能为神灵所信服，神灵不会保佑你。最后庄公又说："小大之狱，虽不能察，必以情。"各类案件无论大小，我即使不能够很清楚地把每个案件的来龙去脉、前因后果都搞清楚，但是我在处理案件的时候，一定会依照"情"，用符合于人情人性的方式来处理。听到这句话以后，曹刿说："忠之属也，可以一战。"你这样做是忠的表现，可以靠这个来打仗了。为什么说这是忠？一个国君，他在处理老百姓的事情时，能够真正从百姓的角度出发，站在老百姓的立场上，以合情的方式去处理政务，那么这就是尽心竭力的表现，就是忠的表现。

所以说这个忠，不应该仅仅被限于"君要臣死，臣不得不死"的"愚忠"之中。真正意义上的忠应该包含这种由下而上的忠，更重要的还包含了由上而下的忠，而后者正是被人们所普遍忽略的。

那么，我们该如何理解国君对百姓的自上而下的忠呢？一个国君对百姓的忠，我们可以把它理解为忠于职守，作为一个国君应该按照国君应遵循的规范做事做人，做好了、做到了，就是忠。通过这一点，我们可以看到，忠的思想对应到现代应该是"忠实于自己的本职工作"。"忠"这种处世态度，如果表现在对待父母方面，就是儒家所尊崇的孝道，孝和忠在这里有机地结合起来了。

换一个角度来看，通过以上事例我们可以清楚地看到儒家对待忠的态度，对人、对事、对自己的良知，都要做到忠或者忠信。而支持忠信的思想基础依旧是孝，因为要使父母受到别人的尊重，要想让父母“弗辱”，就必须要让自己的所作所为都有一个好的社会评价，都能够得到别人的好评。如果被别人贬损，就会辱及自己的父母，所以孝子必有忠信。孔子也说过：

> 十室之邑，必有忠信如丘者焉，不如丘之好学也。
>
> 《论语·公冶长第五》

在这里我们可以看到，孔子认为，在只有十户人家的小地方，一定有像他一样忠实诚信的人，只是他们没有孔子好学罢了。反过来看，这句话表明，好学如孔子者也许寥寥，但忠信如孔子者却大有人在。

不仅好学可以带来美誉，忠信一样可以带来美誉，做到其中任何一项，不仅可以使父母“弗辱”，更可以实现“尊亲”。所以能够做到忠信，做到好学，已经达到了孝的最佳状态。

过去很长一段历史时期，人们都相信这样一句话：“忠臣必出于孝子之门。”认为有孝心的人才会尽忠。所以说要找忠臣去哪里找？去有孝心的人家里去找。在当下社会，我们也经常可以看到，有些人的择友原则就是看对方是不是一个孝子。我就曾经遇到过很多这样的人，他们交友就首先看对方是不是一个孝子，如果不孝，那就绝不会和对方交朋友甚至合作往来。为什么？因为这是对一个人的德行和品格的基本判断——如果他连自己的父母都不爱，怎么可能爱别人？在我和他交往的过程中，我又怎么能保证他不会害我、不会在背后搞鬼。因此，坚持这一交友原则其实是非常有道理的。

从以上表述我们可以看到忠的含义是十分广泛的，忠体现的是儒家对人对事的一种态度。这其中对国君的忠是最为突出，也是最被关注的。或许是基于这样的关注，从《孝经》问世开始，忠的含义在逐渐缩小，并被定义为对君的一种正确态度。

> 子曰："君子之事亲孝，故忠可移于君；事兄悌，故顺可移于长；居家理，故治可移于官。是以行成于内，而名立于后世矣。"
>
> 《孝经·广扬名章第十四》

> 子曰："君子之事上也，进思尽忠，退思补过，将顺其美，匡救其恶。故上下能相亲也。《诗》云，'心乎爱矣，遐不谓矣。中心藏之，何日忘之？'"
>
> 《孝经·事君章第十七》

在这里，移孝作忠以及移悌顺长已经将其对象明确为国君、尊长。

在《孝经·广扬名章第十四》中，按照儒家思想"推己及人"的思路，清晰地推论了由私德到公德的演变过程。由孝亲而忠君，由事兄而顺长，由齐家而治国，这也是儒家思想"内圣而为外王"的一种表现。

在《孝经·事君章第十七》中，虽则已将"事上"的行为明确为"尽忠"，但还有反思的空间，因为不能反过来说"尽忠"

就是“事上”，儒家思想的开放性依然隐含其中。但就《孝经》而言，将“尽忠”作为“尽孝”的外化，确是笃定无疑的。

此处“尽忠”的思想，仍然清晰地体现着儒家的精神价值、思想本色。《孝经·事君章第十七》其后明确提到：“进思尽忠，退思补过，将顺其美，匡救其恶。”

读到这里，谁人能够说儒家精神是愚忠愚孝？美政才会随顺，也就是说只有国君的政令和畅，可以称为是美政的时候，儒者才会随顺他；而恶政必须要匡救，面对国君做出的错误决定，儒者一定会犯颜直谏，会为民请命，同时也会为国君补过救失。这才是真正的儒者的担当，儒家思想的灵魂所在。

同时，在忠的含义中，下位者和上位者之间的关系和孝悌一样也是相互的，也就是《孝经》中所提到的“上下能相亲也”。这种精神也是儒家“一以贯之”的精神，我们可以从《论语》中找到这样的态度：

> 季康子问：“使民敬、忠以劝，如之何？”子曰：“临之以庄，则敬；孝慈，则忠；举善而教不能，则劝。”
>
> 《论语·为政第二》

季康子问孔子，如果希望得到老百姓的尊敬和忠心，应该如何去做？孔子对他的回答是，如果一个在上位者面对百姓的时候，容貌端庄，没有任何懈怠之情，就能得到百姓的尊敬；在上位者有对父母的孝心，有对百姓的慈爱之心，就能得到百姓的忠诚；提拔为善之人，使他们的能力得以发挥，志向得以实现，并教化不能为善的人，让他们尽力改过，不轻易放弃他们，这样就能够使老百姓被劝化而乐于为善。否则很难真正得到百姓的尊敬和忠心。

定公问："君使臣，臣事君，如之何？"孔子对曰："君使臣以礼，臣事君以忠。"

《论语·八佾第三》

鲁定公问孔子，什么情况下，才能使君臣关系真正协调和顺。孔子回答说，国君对待自己的臣子以礼而行，而臣下对待自己的国君忠心耿耿才能实现这种君臣相得、上下和谐。同样，在孔子的这个回答中其实还暗含了儒家的一个重要的思想：只有国君对臣下以礼相待时，臣下才应该对国君尽职尽忠。这种思想在《孟子》中体现得淋漓尽致。

孟子告齐宣王曰："君之视臣如手足，则臣视君如腹心；君之视臣如犬马，则臣视君如国人；君之视臣如土芥，则臣视君如寇仇。"

《孟子·离娄下》

儒家的这种思想对现实是具有极强的批判性的，其中所体现的君臣关系也是十分理性和人性化的。君如果没有对臣的合礼的敬意，臣便无须为君付出忠心，甚至可以弃之而去。这个思想在孟子和齐宣王的对话中有进一步的发挥：

齐宣王问卿。孟子曰："王何卿之问也？"王曰："卿不同乎？"曰："不同。有贵戚之卿，有异姓之卿。"王曰："请问贵戚之卿。"曰："君有大过则谏，反覆之而不听，则易位。"王勃然变乎色。曰："王勿异也。王问臣，臣不敢不以正对。"王色定，然后请问异姓之卿。曰："君有过则谏，反覆之而不听，则去。"

《孟子·万章下》

在这里我们看到孟子将臣下做了准确的区分——贵戚之卿和异姓之卿。作为贵戚之卿，和君有着天然的血缘关系，一荣俱荣，一损俱损，所以他们在国君有大过的情况下，对待国君的态度就不能决绝地弃之而去，而是要反复进谏，如果国君不思改过，为了家族的共同利益，就要将国君换人了。但如果是异姓之卿，和国君没有亲属关系，那么对待国君的态度就完全不同。不必等到国君有大过，只要君有过错就应该及时劝谏，如果反复劝谏国君依然不听，那么就要弃之而去了。

这就是儒家对君的态度。在这里没有丝毫的"君要臣死臣不得不死"的"愚忠"的成分在。这种思想在孔子和孟子的心中是毫无妥协的，所以儒家赞美"汤武革命"，并且对桀、纣的行为是完全否定的。《礼记·曲礼下》也有如此的表述：

为人臣之礼，不显谏。三谏而不听，则逃之。子之事亲也，三谏而不听，则号泣而随之。

通过这句话我们更加清楚地看到在儒家思想中对待国君和对待父母的态度是有很大区别的。在对待国君方面，臣下在劝谏时要把握分寸，要注意劝谏的方式方法，对国君的过错不当着他人的面公开进行劝谏。这既是对国君的尊重，也是对臣下自身安全的保护。因为如果国君感到自己的尊严受到挑战甚至侮辱，他必然会采用极端的方式处理，这样就使得君臣之间都处于不良的境遇。所以"不显谏"就是要把握的分寸。同时，如果劝谏国君多次而不听，就要逃离这个国家了。因为多次劝谏而不听，首先说明国君是失道失德的，这样的人是不值得为他尽忠的。同时多次劝谏也会让国君对自己心生恶感，如果不及时离开的话难免会遭到国君的报复甚至带来杀身之祸。所以儒家的态度是，如果国君以礼相待，就要忠心不二。但如果国君无道失德，臣下就要及时弃之。

所以臣下对国君的礼敬之心是和国君对臣下的态度相互对应的，而这种相互的对应关系，也正是儒家固有的核心价值。

3 被误读了的"愚忠愚孝"

在《礼记·曲礼上》中有这样一句话，叫"来而不往非礼也"，民间也有一句俗话，叫作"人敬我一尺，我敬人一丈"。可以说君敬臣忠的行为和这些思想之间都是相通的。

通过上述的梳理可以看到，虽然《孝经》已经缩小了忠的涵盖范围，但是它丝毫没有改变儒家的精神以及儒家的价值追求。从《孝经》中可以看出，这部儒家经典所提倡的"忠"是涵盖了君与臣的相互关系的，那么这种相对均衡的忠君关系是如何演化成后来的愚忠的呢？在儒家的精神之中，入世担当是实现内圣外王的必由之路，所以和政权以及皇权的结合是必然的。儒家理想中清明的政治蓝图，就是由“内圣”到“外王”，也就是由圣人作为天子来治国。因为圣人作为道德的楷模和榜样，可以成为万民的表率，“作之君，作之师”，进而实现天下大同，这是儒家终极的政治理想。但是在现实生活中，这一点却往往无法实现，所以后世的儒者尽可能通过出仕的方式得君行道，并用儒家的天命思想对当政者进行教化、引领。这就避免不了出现儒者和当政者之间的博弈，正是在这种博弈过程中，儒家的真精神或深或浅地被篡改、被歪曲了。下位者出于种种个人目的，甚至是对名利的贪求，在对待在上位者尤其是国君，以及后世的皇帝时的态度，就表现为毫无条件的服从，并且是心甘情愿的服从。这就是所谓的“愚忠”。更有甚者，逐渐极端化为“君要臣死，臣不得不死”的似是而非的忠君思想。这种现象的出现，已经完全背离了儒家忠的思想和精神，而被异化为一种为统治者服务的统治工具。

我们一定要在当时的时代背景下看待那些现在已经过时的现象。

在历史上，看似愚忠的例子比比皆是，但是我们不能罔顾历史事实，一味地站在当代人的价值判断的标准上去怪罪他们的愚。

钱穆先生在《国史大纲》开篇说，“读此书者，必须具备以下诸信念”，其中一个信念就是“对其本国以往历史略有所知者，尤必附随一种对其本国以往历史之温情与敬意”，不能用所谓的客观冷静的立场来对待历史，必须要有对历史的温情与敬意。也就是说我们要站在当时人的立场上去考虑问题，而不是以我们现代人的价值观念去评判他们的行为。如果我们能够结合当时的时代背景看待这种所谓的“愚忠”现象，站在当时认的立场上去评判这些看似过时的做法，我们会发现，事情其实并不像我们想象的那么恶劣。

比如，我们经常会说岳飞的行为是愚忠。岳飞一生，精忠报国，最后却被奸臣构陷，冤死于风波亭。有人说当时岳飞完全可以不顾君命，虽然皇帝用十二道金牌召他回京，但是“将在外，君命有所不受”，他可以继续直发朱仙镇，往北打，直捣黄龙，立了功以后再说。但是很多人没有看到，岳飞所选择的这种慷慨就义的行为，本身就是岳飞对自己道德和人格的约束和要求，在他心中这是“求仁而得仁”的做法。更重要的是，我们应该仔细思考一下岳飞当时面对的社会和政治现实，国破家亡，风雨飘摇，徽钦二帝在金国受辱，即位未久的宋高宗赵构缺乏足够的权威，甚至由于秦桧等奸臣当道，国家处在极度危险的时刻。这时如果岳飞只为自己的安危作打算，当然可以避祸，甚至可以拥兵自重，为自己谋求更多的好处，再来一次黄袍加身的闹剧也不是没有可能。但岳飞为了民族和家国，毅然决然选择了服从，最终用自己的牺牲换来世人对家国担当的认同和回归，也激发了世人对权臣奸相的痛恨和对忠君爱国义举的高度认同。所以我们有理由断言，这才是岳飞想要的东西。所以说对待岳飞看似“愚忠”的慷慨就义，我们应该站在当时的时代背景下去思考、去理解，不能按照当代人的价值标准去横加指责，甚至颠倒是非做所谓的翻案文章。曾经有历史学者主张教育部将岳飞从民族英雄的行列中除名，也有地方的历史博物馆将秦桧称作大宋名相并塑坐像，甚至还有人塑造了秦桧夫妇的雕塑站像，并给作品起名为《跪了492年，我们想站起来歇歇了》。以上种种做法不仅有哗众取宠之嫌，更是对社会道德、良知底线的严重挑衅，所以出现伊始就引起广泛的争议，并很快被社会舆论所淹没。

另外还有南宋最后一位丞相文天祥，在国破家亡的时候，他作为一个文弱书生开始兴兵，抵抗强大的蒙古侵略军，在屡战屡败的情况下，他坚持不屈，最后兵败被俘。在文天祥被押解北上燕京，途经金陵（今江苏南京）时，触景伤情，写下了两首《金陵驿》，其第一首为：

草合离宫转夕晖，孤云飘泊复何依。山河风景原无异，城郭人民半已非。满地芦花和我老，旧家燕子傍谁飞。从今别却江南路，化作啼鹃带血归。

元世祖非常欣赏他的才华，一直不舍得杀掉他，而是关押了三年，反复劝降，但文天祥还是拒绝了，并在狱中写下了千古绝唱《正气歌》。三年后，元世祖不得不忍痛把他杀掉。文天祥去世后，人们在他的衣带中发现了他的绝笔遗言，其中大义凛然地写道：

孔曰成仁，孟曰取义，惟其义尽，所以仁至。读圣贤书，所学何事？而今而后，庶几无愧！宋丞相文天祥绝笔。

以上种种超越凡俗之人所想所为的表现，以及其文、其诗中所充盈的对家国的情怀、对生命的超然，我们还能说他的行为是愚忠吗？就当时的现实情况来看，文天祥已经完全超脱了自己的生死，用生命捍卫了国家的尊严，用生命践行了对人民的责任。

以上列举的岳飞、文天祥的行为，必然有南宋时期大力提倡的无限忠君思想的影响，但是从本质上来说，他们的这些行为最为直接反映的是面临家国的危难时儒者的担当。一个真正的儒者作为国家的一分子，在面临民族大义、国家危亡的时候，他们所做出的是一种“杀身以成仁”和“舍生而取义”的选择，这是何等的人格境界和道德追求！

同样，在一贫如洗的困境下，仍然表示“安得广厦千万间，大庇天下寒士俱欢颜，风雨不动安如山”的杜甫；

还有在被贬官谪居的时候，依然能写出“先天下之忧而忧，后天下之乐而乐”的范仲淹；

还有退守横渠，清贫度日却写下了“为天地立心，为生民立命，为往圣继绝学，为万世开太平”的张载。

这些人物，他们的人生境遇各有不同，他们的成就也各有高下，但是他们绝对没有后来人们批评儒者时所常说的“平时袖手谈心性，临危一死报君王”，认为他们平时只懂得高谈阔论、大谈心性，而等到国家有危难的时候，百无一用，只在临危之时用一死来报效君王。这是后世经常引用的清儒颜元批评宋代以来学儒之人的习气的观点。当然，颜元对这种行为的评价也并不是否定的，他说：“宋元来儒者却习成妇女态，甚可羞。无事袖手谈心性，临危一死报君王，即为上品矣。”在他看来，能够做到这一点的儒者，相比而言属于上品。这当然也包含了对宋元以来儒者的失望，但并非将这种人仅仅视为肤浅空疏和自命不凡。但后人在引用颜元的观点时却多有断章取义、以偏概全之嫌，进而产生了对儒家比较严重的误解。

这种对儒家精神的误读主要应该归因于宋元明清以来由于时局和皇权的作用，对儒家思想的严重扭曲甚至异化。出现了诸多貌似符合儒家规范但却严重背离儒家精神的不良社会现象：把儒家解放人性的礼法制度异化为鲁迅曾经批判过的吃人的礼教；把儒家的文治武功弱化为百无一用的范进式、孔乙己式的所谓读书；将儒家正大光明的孝亲尊师、忠君爱国异化为“君要臣死臣不得不死，父要子亡子不得不亡”的“愚忠愚孝”。

真正的儒者并非如此。宋元以降，儒家的真精神并未被这种压力所毁灭，真正的儒者是前文提到的范仲淹、张载、岳飞、文天祥，也是周敦颐、程颢、程颐、谢枋得、于谦、史可法、王阳明、湛若水、王夫之、朱舜水、倭仁、曾国藩……这样一些真正可以名垂青史的人。他们的风骨和节操，我们怎么能用“百无一用”“愚忠愚孝”这样一个个冷冰冰的概念就给无情地抹掉？退一步讲，即使仅仅能够做到“临危一死报君王”的儒者，他们身上体现的义无反顾，也比那些苟活于世，甚至勾结外敌的行为强了千倍万倍。

当代社会尽管有人因为对忠君的思想有误读误会而对忠的价值观念有抵触和排斥，但一直都有对“忠”的要求，比如“忠于国家”“忠于人民”等，这些都是传统意义上忠的价值中应有之意。同时，对大众而言更应该提倡和遵守的“忠于本职”，做好自身分内的每一件事正是“尽己之谓忠”的思想的最好诠释。

对家庭而言，当下社会离婚问题、第三者问题、网恋问题等等，都对传统的家庭关系构成了威胁，也对夫妻之间的忠提出了更明确的要求。要有对配偶的忠诚，对婚姻的义务，维护家庭结构的稳定，进而维护整个社会的稳定。“忠于家庭”也是忠的重要一义。

同时，我们还应该回到忠本初的价值理念上来——忠于本心。孟子所说的本心要求我们要有社会责任感，勇于担当，甘于奉献。这一点与《大学》中提到的修身思想别无二致。

综上所述，我们可以毫不夸张地说，“移孝作忠”是儒家思想发展中的重大事件，也是儒家精神傲立于世的重要表现之一，非但不是糟粕，反而是我们当下需要奉行和践守的重要的道德和价值观念。

结束之前，我们再回忆一下“忠”的重要表现：

君子之事亲孝，故忠可移于君；事兄悌，故顺可移于长；居家理，故治可移于官。

君子之事上也，进思尽忠，退思补过，将顺其美，匡救其恶。故上下能相亲也。

如果我们真正地读懂了这两句话，那么我们也就真正地把握了儒家的“忠”的概念，而不会再被所谓的“愚忠”的误导蒙蔽了双眼，障蔽了思考。

第八章 孝的理性光辉

1 谏诤是儒者对家国、君父的责任担当

清代大儒段玉裁在《说文解字注》中为儒的行为标准做过一个很形象的描述：“儒之言优也、柔也。能安人，能服人。又儒者濡也，以先王之道能濡其身。”就是说，从一方面看，一个儒者在与人相处的时候，无论对上还是对朋友、对他人，都要有谦恭礼让之心，强调柔顺，但是这种柔顺不等于放弃原则，没有操守。相反，虽然儒者以柔顺待人，但其精神所产生的力量却可以安人、服人。另一方面，儒者又是能够以先王之道来濡染和改造自己的人。这种濡染和改造并不是疾风暴雨式的，而是润物无声式的，也体现了儒者的柔顺，但是这种柔顺是有力量的。这就是儒者的担当精神。反之，便是《论语》中孔子所强调的“见义不

为，无勇也”。一个真正的儒者必须要有见义勇为的精神和担当。这种精神在面对父母和君主时最直接的体现就是“谏诤”的行为。同时，儒家诸多的核心价值，如孝、悌、忠、义等，其中都包含着“谏诤”的思想。

“诤”，古字为“争”，与“谏”同义，就是劝谏的意思。其最早的使用就是在儒家的孝道中。作为孝子，对待父母时，首先要强调的是“敬”和“顺”，但绝对不是对父母无条件的盲从、盲信，孝需要的是有理有节的顺应。

曾子曰:“若夫慈爱、恭敬、安亲、扬名，则闻命矣。敢问子从父之令，可谓孝乎?”子曰:“是何言与！是何言与！昔者，天子有争臣七人，虽无道，不失其天下；诸侯有争臣五人，虽无道，不失其国；大夫有争臣三人，虽无道，不失其家；士有争友，则身不离于令名；父有争子，则身不陷于不义。故当不义，则子不可以不争于父；臣不可以不争于君。故当不义则争之。从父之令，又焉得为孝乎！”

《孝经·谏诤章第十五》

曾子说，慈爱、恭敬、安亲、扬名，这些我都已经明白了，我想问老师的是，如果儿子完全地服从于父亲的命令，这是不是就是孝呢?孔子回答说:“是何言与！是何言与！”反复申言这说的是什么话！

昔者，天子有诤臣七人，虽无道，不失其天下——在古代的时候，曾经有过这样的现象：一个天子，如果有七个能够及时劝谏他的大臣，即使他是一个无道之人，也不会失去天下、失去人心。

诸侯有诤臣五人，虽无道，不失其国—— 一个诸侯如果有五个能够忠心劝谏的大臣，即使他无道，也不会失去自己的诸侯封国。

大夫有诤臣三人，虽无道，不失其家—— 一个大夫如果有三个能够忠心劝谏的臣子，即使他无道，也不会失去自己的封地。（过去的家，不是我们现在的家族、家庭的概念，而是指在诸侯国之中更小一点的封地，由国君分封给卿或大夫，被称为“家”。所以说国和家，在古代都是封地，分别是诸侯和卿大夫的封地。）

士有诤友，则身不离于令名—— 一个士如果有一个可以真心劝谏他的好友的话，那么他就可以保有自己的好名声和品格，就不会被别人说三道四。

父有诤子，则身不陷于不义——如果一个父亲，有一个能够衷心劝谏的儿子，那么他就不会陷于不义之地。

故当不义，则子不可以不诤于父——如果真正出现了不义的情形的话，做儿子的不能不劝谏自己的父亲。

臣不可以不诤于君——大臣不可以不劝谏国君。

故当不义则诤之。从父之令，又焉得为孝乎！——最后孔子总结说，因此遇到不义的事情就必须要劝谏、要谏诤，如果一味地顺从父亲，那怎么能称为孝呢！

2 为人子女如何正确劝谏父母

通过以上论述，我们可以很清楚地看到儒家关于谏和诤的态度。在曾子问到“从父之令”是不是孝的时候，孔子态度激烈地说：“是何言与！是何言与！”由此，我们可以看到，儒家所强调的是合礼合情的孝。在父母有错的时候，子女必须要出于对父母的深爱，对父母的孝心，用合礼的方式进行规劝，而不能一味地听从父母，不能让父母在错误的道路上越走越远。

在《礼记》和《论语》中，我们还可以找到类似的话语：

> 父母有过，谏而不逆。
>
> 《礼记·祭义》

父母有过错的时候，我们做子女的要及时劝谏，但是不能违逆他们，不要和他们唱对台戏。

> 先意承志，谕父母于道。
>
> 《礼记·祭义》

在父母未张嘴说话之前就预先体察他们的心意，按照他们的意志去做；当父母有了错误的想法时，不等到具体落实就要让父母知晓这种想法的错误所在，让他们回到正道上来。

事父母几谏，见志不从，又敬不违，劳而不怨。

《论语·里仁第四》

在孝顺侍奉父母的时候，一定要对父母进行合乎情理的劝谏。父母做得不对的，我们要及时劝谏，但要用柔顺的态度去劝谏。如果父母不听从我们的劝谏，我们仍要保有诚敬之心，不要违逆父母，更不能有怨言、怨色。

作为孝子，面对父母的过错，当然不是说劝谏就到此为止了，就不再劝了，而是要时刻记得这是自己为人子女的本分和责任，一旦遇到合适的机会还要继续劝谏父母，让他们改过从善。但是劝谏时我们要时刻注意自己的态度、神色和语气。如果父母不能接受劝谏，要本着尊敬和孝顺的心态再次劝谏，这里尤其要注意的是要在父母心情愉悦时继续劝谏，如果父母不悦，就要更加注重方式和方法。在父母尚未改过时，面对他人的批评和责难，我们依然要坚定地捍卫父母的名声和尊严，不能为了讨好他人而任凭他们责难自己的父母。这种心态其实已经潜移默化地成为我们很多人的一种不自觉的认知。我们经常可以看到有些人即使父母有过错也绝不允许他人冒犯和批评自己的父母，这种坚持即使有所偏颇和激烈也是可以理解和同情的，因为这种心态可以更好地培固孝心。即使由于反反复复地劝谏让父母感到不满和厌烦，因此被父母责骂责打，在内心中也不会有任何不满和抱怨，仍然要坚持“起敬起孝”。心中无怨无尤，行动迅速果决，义无反顾地尽到自己的劝谏之责，这才是真正的孝子之心。

这就是在《礼记·内则》中所明确规范的劝谏父母应有的

态度：

父母有过，下气怡色，柔声以谏。谏若不入，起敬起孝，说则复谏；不说，与其得罪于乡党州闾，宁孰谏。父母怒，不说，而挞之流血，不敢疾怨，起敬起孝。

而这种孝子之心，也是对“无违”的更高要求。其中蕴含着的是为人子女者对父母的敬爱之心。

这种精神在《弟子规》中将其通俗化为：“谏不入，悦复谏。号泣随，挞无怨。”用以表达子女劝谏父母的方法和态度。

3 何谓真正的儒者

为何要将孝的精神做如此细致，甚至有些绝对化的规范呢？这是因为孝本身就是成就道德的基石，不可有丝毫违背和放任，虽然要求“父慈子孝”，但即使父不慈，子也不可以不孝。在这个意义上说，孝是绝对的，是绝然和超然的。在这方面，舜是我们最高也最理想的榜样和范本。所以我们可以看到，入孝出悌，是儒家的修学次第。孝亲顺长，是儒者修身立德、为人处世的基本要求。任何一个儒者在修养自己道德学问的过程中，首先一定要做到入孝出悌、孝亲顺长，这是对儒者最基本同时也是最严格的要求。

要想成为一个真正的儒者，首先要有孝亲之心，要有顺长之意。但是如果因为自己盲目的敬顺而陷父母于不义的话，这是最大的不孝。所以在《荀子·子道篇》里，荀子明确申论：

> 入孝出弟，人之小行也；上顺下笃，人之中行也；从道不从君，从义不从父，人之大行也。若夫志以礼安，言以类使，则儒道毕矣。虽舜不能加毫末于是矣。孝子所不从命有三：从命则亲危，不从命则亲安，孝子不从命乃衷；从命则亲辱，不从命则亲荣，孝子不从命乃义；从命则禽兽，不从命则修饰，孝子不从命乃敬。故可以从而不从，是不子也；未可以从而从，是不衷也。明于从不从之义，而能致恭敬、忠信、端悫以慎行之，则可谓大孝矣。传曰："从道不从君，从义不从父。"此之谓也。故劳苦、彫萃而能无失其敬，灾祸、患难而能无失其义，则不幸不顺见恶而能无失其爱，非仁人莫能行。诗曰："孝子不匮。"此之谓也。

荀子也认为，对待父母要有孝行，对待兄长以及其他的尊长要行悌道、守悌道，但这只是孝行最普通的表现，而不是孝子最重要的态度。一个真正的孝子，最应该做到的是什么？是"从道不从君，从义不从父"。面对国君的命令或要求，如果是违背了道义，违背了儒家所追求的精神价值，那么是可以不服从君命的；如果父亲的所作所为违背了道义，面对父亲的要求，我们也可以不从父命。也就是说，我们虽然要做到"无违"，但是不能一味地顺从。

这里明确强调"入孝出悌"是人之"小行"，但也是修道修德起手的功夫；进一步而言，在上位时顺人心，在下位时行为笃敬，这是“中行”；真正意义上的“大行”是要做到合理也合礼的服从与不服从——从道不从君，从义不从父，但这种不从必须是有儒家的道德和儒家的义理作为支撑的。所以荀子立刻就又明确提出了“孝子所以不从命者有三”，孝子不顺从父母之命的原因有三个：

“从命则亲危，不从命则亲安”，如果顺从父母，就会使他们陷于危险的境地，而如果不顺从父母就可以让他们得以安定，那么，“孝子不从命乃衷”，孝子不服从命令就是儒家所追求的善，更是发乎内心的想法，是以至诚之心面对自己的父母，这个时候是不能从命的。

“从命则亲辱，不从命则亲荣”，如果孝子听从父母的命令会给他们带来羞辱，而不遵从父母亲的命令，可以给他们带来荣耀。“孝子不从命乃义”，孝子不服从命令就是在坚守道义，那么这个时候，孝子也不要从命。

“从命则禽兽，不从命则修饰”，如果听从父母亲的命令，那么他们的所作所为就好像禽兽一样野蛮无礼，而不遵从父母亲的命令，他们的行为是符合礼义的，是由礼义、礼乐教化所节制的行为，这个时候，“孝子不从命乃敬”，孝子不服从命令就是恭敬，是可以不从命的。

“故可以从而不从，是不子也；未可以从而从，是不衷也。”所以说如果可以从命的时候不听从父母之命，这是不孝的表现。但是不应该从命的时候却从命了，这也是不对的，是不忠的。

“明于从不从之义，而能致恭敬、忠信、端悫以慎行之 ，则可谓大孝矣。”大孝是什么？首先就是要懂得什么时候该听从父母，什么时候不该听从父母，不论是否听从父母，都要用恭敬尊重、忠诚守信、正直老实的态度对待父母，“以慎行之”，谨慎地、小心地，如临深渊、如履薄冰一样地去做，这才是真正的大孝行为。所以在这里我们可以看到，荀子对于什么是真正的孝，有一个清醒的认识，所以才有如此清楚的论述。

在远古的历史中，我们的文化先祖中有“三皇五帝”，八位德行高尚的君王，其中的舜帝就是“五帝”之一，是大孝的典范。司马迁在《史记·五帝本纪》中记载：

> 舜父瞽叟盲，而舜母死，瞽叟更娶妻而生象，象傲。瞽叟爱后妻子，常欲杀舜，舜避逃；及有小过，则受罪。顺事父及后母与弟，日以笃谨，匪有解（同“懈”）。
>
> 舜，冀州之人也。舜耕历山，渔雷泽，陶河滨，作什器于寿丘，就时于负夏。舜父瞽叟顽，母嚚（yín），弟象傲，皆欲杀舜。舜顺适不失子道，兄弟孝慈。欲杀，不可得；即求，尝在侧。
>
> 舜年二十以孝闻。三十而帝尧问可用者，四岳咸荐虞舜，曰“可”。于是尧乃以二女妻舜以观其内，使九男与处以观其外。舜居妫汭，内行弥谨。尧二女不敢以贵骄事舜亲戚，甚有妇道。尧九男皆益笃。舜耕历山，历山之人皆让畔；渔雷泽，雷泽上人皆让居；陶河滨，河滨器皆不苦窳。一年而所居成聚，二年成邑，三年成都。尧乃赐舜絺衣，与琴，为筑仓廪，予牛羊。瞽叟尚复欲杀之，使舜上涂廪，瞽叟从下纵火焚廪。舜乃以两笠自扞而下，去，得不死。后瞽叟又

使舜穿井，舜穿井为匿空旁出。舜既入深，瞽叟与象共下土实井，舜从匿空出，去。瞽叟、象喜，以舜为已死。象曰："本谋者象。"象与其父母分，于是曰："舜妻尧二女，与琴，象取之。牛羊、仓廪予父母。"象乃止舜宫居，鼓其琴。舜往见之。象鄂不怿，曰："我思舜正郁陶！"舜曰："然，尔其庶矣！"舜复事瞽叟爱弟弥谨。于是尧乃试舜五典百官，皆治。

舜的父亲叫瞽叟，是一个盲人，舜的母亲在他很小的时候就去世了，于是瞽叟又娶了后妻，又生了一个儿子象。象从小受到父母的宠爱，所以品德不好，傲慢自私。而瞽叟由于爱他的后妻、幼子，所以常常想要杀掉舜。即使这般，舜仍然很孝顺父亲。父亲常常因为小事而责辱惩罚舜，但他都会选择顺从。在孝顺父亲的同时，舜也用同样的态度孝顺他的后母，友爱他的弟弟，而且自始至终都没有改变这样孝友的态度。同时为了不让父母陷于不义的恶行中，他始终坚持当父母欲使之，常在父母之侧；但欲杀之，却常不可得。

由于他的孝行出众，得到了人们广泛的好评，20岁的时候，就已经以孝而闻名了。舜30岁的时候，当时的执政者尧帝求天下之贤以接替自己，掌管国家四方之政的四岳都举荐了舜。由此可以看出，舜的孝行已经广为人知并为大家所认可和尊崇。

为了详细地考察舜的德行，尧把自己的两个女儿——娥皇和女英都嫁给了舜，又让自己的九个儿子和舜去交朋友，由内到外从日常的一举一动、一言一行来考察舜是不是一个真正合格的人。舜在这个过程中，仍然表现出了他的恭敬之心。而且他的妻子娥皇和女英，也不敢因为自己是尧帝的女儿，就对舜的父母有不敬之心，也很好地谨守着妇道。同时，尧的九个儿子，也和舜的关系越来越好。

舜在当时“耕于历山”（历山在现在山东济南一带），仅仅是一个亲自耕种的普通人，但因其有德，历山之人遇到地界不明的情况就会互相推让地界，不愿与人争利；舜在雷泽上打鱼时，打鱼的人们便互相推让最好的捕鱼位置；舜到河边制陶，便带动制陶者以精益求精的态度去制陶，河边的陶器便没有了次品。一年后他所居之地逐渐吸引了很多人聚居，两年后这里人口更多，形成了一个城邑，三年后人口大增而成为大都邑。

尧为了继续考验舜的德行和心性，赐予他华丽的服装、珍贵的古琴、高大的仓廪、成群的牛羊。面对着巨额财富的诱惑，瞽叟更加迫切地希望谋害舜，从而和象瓜分他的财产。

有一天父亲要舜去修补加固仓廪，舜就顺从父亲而爬上高高的屋顶。结果他的父亲从下面纵火，要烧死舜。可是舜事先已经有了防范，所以他戴了两个斗笠在头上，当仓廪着火之后，他就手拿两个斗笠，从高处跳了下来，成功降落，避开了这次灾祸。

又有一次，舜的父亲让他去挖井，在挖井的过程中，舜同样意识到了危险，所以在挖下去一定的深度后，他就在旁边挖了一个小洞。这时他的父亲和弟弟就向井里扔石头、土块，要把这个井填上，想把舜活埋。这时舜赶紧躲进他刚才在侧面挖的那个小洞里，并向侧面挖了一条通道逃生了。

舜的父亲和弟弟把这个井填平以后，认为他这次必死无疑，所以他们很开心地回家了。象得意扬扬地说“本谋者象”，说这件事情是我谋划的，所以我应该多分一些。于是他就说：“两个嫂子都归我了，琴也归我了。牛羊和仓廪，父母你们留下。”于是，父子二人就谋划着要把舜所拥有的财产都瓜分了。当象来到哥哥的宫殿里弹琴，并希望得到娥皇、女英侍奉的时候，却惊讶地看到舜从外面回来了，象只好十分尴尬地为自己找借口。但是舜对他的父亲和弟弟象仍然没有仇视和报复之心，反而更加恭谨地对待父亲和弟弟。他的孝行得到了尧的肯定，于是任命他管理百官，他的治国才能同样得到了大家的认同，尧最后终于放心地把自己的帝位禅让给了舜。

在这个故事里，我们可以看到，舜的所作所为是充满智慧和理性的，他并没有完全盲从于父亲的要求。因为他知道如果自己盲从父亲被他们杀死的话，就会给父亲带来杀子的恶名，所以他选择了不服从。但当父亲需要他做事的时候，他不会为了避祸而离开父亲身边，这又是顺亲之意的表现。这就是儒家的智慧，也是孝道的体现。如果如后世所说的那样，舜要践行的是“父要子亡，子不得不亡”的“愚孝”的话，那么他就应该顺从父亲之意而死。于此，我们就可以明明白白地看到真正的儒家对待孝的态度是什么，后世冥顽不化的愚孝是何等的荒唐可笑。

舜的孝行是艰难的，因为他有着一个处处欲置他于死地的家庭，但他并没有顺从父命而坦然赴死，反而步步小心，屡屡死里逃生。从表面上看，他的行为是违逆了父亲，但恰恰是这种违逆，使得他的父亲和他的弟弟的德行没有太大的亏损，也就是说他并没有“阿意曲从，陷亲不义”，没有屈从于父亲的意愿，而让父亲陷于不义之地，这才是孝的本意。

通过舜的行为，我们可以更好地把握孝的行为。父母爱子是人的天性，而且古人也说“虎毒尚不食子”，但舜却遇到了最恶的父母、最恶的弟弟，在如此极端不和睦的家庭中，舜却实现了真正的孝道。所以，在儒家的文化意象中，舜始终都是孝道的最高典范，是孝子的榜样和楷模。在郭居敬的《二十四孝》中把舜的孝行列为首位，并定名为“孝感动天”。《二十四孝》这样记载：

> 虞舜，瞽叟之子。性至孝。父顽，母嚚，弟象傲。舜耕于历山，有象为之耕，鸟为之耘。其孝感如此。帝尧闻之，事以九男，妻以二女，遂以天下让焉。

在这个故事中，关于舜的描写是带有一些神话色彩的。由于舜的至孝行为，所以他在躬耕于历山的时候，“有象为之耕，有鸟为之耘”。他的孝行感动了上天，大象来帮他耕地，小鸟帮他除草。尽管如此的记述有神话的成分存在，但是作为劝善的孝道故事，本就不能当作真实的历史来看待，神话或者寓言的色彩只是吸引读者的有效手段。所以我们的关注不应该落点在故事是否真实可信方面，而是要看到它的精神价值，真正明白它强调了儒家所说的大孝是什么，面对父母，我们要做出的正确的判断和选择是什么。

孔门高弟中还有一位受到孔子高度赞扬的人物——闵子骞，他以德行高尚并老成持重著称，而尤其以孝行超群闻名于世。也是《二十四孝》中的人物：

周闵损，字子骞，早丧母。父娶后母，生二子，衣以棉絮；妒损，衣以芦花。父令损御车，体寒，失纼（zhèn）。父查知故，欲出后母。损曰："母在一子寒，母去三子单。"母闻，悔改。

这个故事叫作"芦衣顺母"。闵损早年丧母，父亲娶了后妻，又生了两个儿子。后妻在对待三个儿子的态度上，就有了亲疏之别，给她的两个亲生儿子做的棉衣，用的是上好的棉花，而且絮得厚厚的，可是给闵损用的却是芦苇结出来的芦花，虽然絮得也很厚，但是芦花并不保暖。所以在他人看来闵损穿得也很厚，后母对他"视同己出，厚爱有加"。

有一天，父亲让闵损为自己驾车的时候，闵损在寒风中瑟瑟发抖，失手把驾车的缰绳都掉在了地上。父亲看到他身上穿的衣服甚至比弟弟的还厚，穿着这么厚的棉衣怎么可能会冷？于是父亲怀疑儿子是故意做样子给自己看的，是为了让父亲觉得后母虐待他。所以父亲非常生气，就用鞭子抽打他，结果却把他的衣服打破了，从衣服里面飞出了芦花。此时他的父亲才发现，后妻确实是在虐待闵损，于是决定要休妻。但在这个时候，闵损却出来说话了，他说："母在一子寒，母去三子单。"如果后母在家中，只有我一个人受冻，我的两个弟弟还是可以得到母爱的。但如果休掉后母，我们三个人便都失去了母爱。因为闵损的劝解，他的父亲没有休妻，而他的后母，也被闵损的孝心所感动，痛改前非。从此以后，对待闵损和对待她的两个亲生儿子便没有区别了。

这个故事在民间广为流传，在历史上有着非常广泛的影响力。在北京琴书、河北乐亭大鼓、河南豫剧、东北二人转、山西晋剧和蒲剧等地方戏中都有一出传统剧目——《鞭打芦花》，就是从闵子骞的这个故事中衍生出来的。通过这个故事我们可以看到，闵损在对待父命的态度上，和舜有很相似的地方。他的顺从、忍让，以及对父亲行为的及时劝谏，不仅让自己的两个弟弟免受失母之痛，也让自己得到了一个和睦美满的家庭。所以闵损的孝行得到了后世的高度赞赏，同样也得到了老师孔子的赞赏：

子曰："孝哉闵子骞！人不间于其父母昆弟之言。"

《论语·先进第十一》

闵损正是用自己的孝心换来了两个弟弟的母爱，同时也换来了后母的悔改，换来了整个家庭的美满和睦。曾经的后母磨难，险些家庭离散，都在这至孝的宽容中冰消雪化，重归其乐融融。

我们假设一下，如果闵损当时心中充满对继母的怨恨，在父亲提出休妻的时候，听之任之甚至火上浇油，那么他的家庭将会走向另外一条亲情离散的道路。所以一切的美好与痛苦，都源于起心动念之间。这样的故事，这样的行为，是值得我们每一个人深深思考的。

至此，我们可以看到，孝道在儒者心头是何等的高洁，在家庭和社会中又是何等的重要，因为它合乎人心，顺乎人情。

当然，尽管从修身立德的角度儒家强调孝的重要性——即使父母不慈，子女也不可以不孝，但儒家文化对父母之慈也是有深入思考的。

4 孟子眼中的君臣关系

在传统的中国，子女对父母的谏诤向外推及，必然就是臣下对国君的谏诤。但在儒家的精神之下，这二者之间既有相同性，也有相异性。《礼记·曲礼下》中记载：

> 为人臣之礼，不显谏。三谏而不听，则逃之。子之事亲也，三谏而不听，则号泣而随之。

对父母的劝谏是别无选择的，即使父母不听从，也要“号泣而随之”，但对国君的劝谏却是要用理性去判断和选择的，如果国君听从便罢，如果多次劝谏后国君依然不听，就要选择逃离了，如果继续留下就很有可能因为国君的恼恨和不满而招致杀身之祸。儒家的这种选择显然是理性和明智的。

对此，孟子的态度就更加明确而坚定。《孟子·万章下》记载：

> 齐宣王问卿。孟子曰：“王何卿之问也？”王曰：“卿不同乎？”曰：“不同。有贵戚之卿，有异姓之卿。”王曰：“请问贵戚之卿。”曰：“君有大过则谏，反覆之而不听，则易位。”

王勃然变乎色。曰："王勿异也。王问臣，臣不敢不以正对。"王色定，然后请问异姓之卿。曰："君有过则谏，反覆之而不听，则去。"

当齐宣王问君臣关系的时候，孟子将臣对君的态度根据身份不同做了明确的区分。

如果臣是君的同族血亲，那么对君的态度就要以家族的共同利益为原则，如果君有大过，必须及时劝谏，如果反复劝谏无果，就要考虑让国君易位了，也就是要从家族中重新选择有德行的人替代无道的国君。这虽然在现实中实现的难度很大，但却清晰地表达了儒家对待国君的态度。

但如果是异姓的大臣，就要把握上面提到的《礼记》中的原则，国君有过就要及时劝谏，反复劝谏无果，就要选择离开。这里还要注意一个细节，易其位的前提是君有大过而不听劝谏；去其国的前提是君有过，无论大小，不听劝谏则去。

基于这样的态度，孟子对君臣关系的思考是很具有革命性和前瞻性的。他说：

君之视臣如手足，则臣视君如腹心；君之视臣如犬马，则臣视君如国人；君之视臣如土芥，则臣视君如寇仇。

《孟子·离娄下》

这一观点在那个时代是石破天惊的，即使到了千年之后，依然有极强的震撼力。全祖望的《鲒埼亭集》记载，洪武五年

（1372 年）明太祖朱元璋偶翻《孟子》，当他看到这一段时，认为这些话“非臣子所宜言”，勃然大怒，骂道：“使此老在今日，宁得免耶！”当天就下令将孟子牌位逐出文庙殿外，不得配享。但迫于天下读书人的舆论压力，一年后，朱元璋又下诏称：“孟子辟邪说，辨异端，发明先圣之道，其复之。”又把孟子的牌位放回文庙，配享如故。然而，朱元璋对孟子犀利率直的言论仍耿耿于怀，他怕“民为贵，社稷次之，君为轻”的思想深入人心会对大明王朝不利，便想出了删书的办法，把《孟子》中他不爱听的句子通通删去了，上演了一出文化闹剧。尽管遭受了如此的摧残和破坏，但孟子的思想依然成为有明一代儒者、士大夫不惧政治高压、犯颜直谏的精神支柱。

这才是儒家对待君臣关系的真正理解。与孝亲一样，在这里丝毫看不到“君要臣死臣不得不死”的“愚忠”之举。

但后世的君臣关系，却呈现出种种复杂的表现形式。有些人的所作所为表面看是一种愚忠的行为，但其实质却并非如此。

过去有一个说法叫作“文死谏 ，武死战”。对于一个文臣，死于劝谏国君是自己的终极价值追求，而对于武将，战死沙场马革裹尸是自己的最佳归宿。这些行为在看似愚忠的背后体现的是对生命价值的笃信无疑的坚守。这其实是《礼记 · 儒行》中所说的“爱其死以有待也，养其身以有为也”思想的具体表现。因劝谏国君而死的儒者，在历史上可以说是不胜枚举的。

《明史纪事本末》记载了发生在明朝嘉靖年间的一个轰动一时的政治事件，叫作“大礼议”。此案发生在嘉靖皇帝，也就是明世宗朱厚熜以地方藩王入主皇宫，即位为帝之后。前代的正德皇帝——明武宗朱厚照没有儿子，于是在他驾崩以后由他的堂弟——兴献王朱祐杬的儿子朱厚熜即位。朱厚熜登基以后，马上就下令礼官集议，要给他的父亲兴献王在皇统谱系中确定一个封号，下令尊己父为兴献皇帝，母为兴献皇后。这时以首辅（明朝初年撤销宰相一职，首辅的权力相当于宰相）杨廷和以及礼部尚书毛澄为首的大臣，为了维护皇统中大宗的血脉延续，认为世宗不应该尊封他的父亲兴献王为皇帝，而应该把自己过继给武宗的父亲——弘治皇帝明孝宗朱祐樘，做他的继子。这样的话，他就可以继承大宗，以弘治皇帝儿子的身份来继承大统。如果这样做，他就必须要以弘治皇帝为父亲，并尊称其皇考，而他的亲生父亲兴献王朱祐杬就只能被尊称为皇叔父了。明世宗对此表示不满，要求另议。当时，朝廷中有两个大臣表示支持世宗的想法，一个叫张璁，还有一个叫桂萼。张璁献上《正典礼疏》来反驳杨廷和，主张继统不继嗣，朱厚熜应该尊崇他的生父，为兴献王在京师立庙。但被杨廷和等人反对。由此开始了以首辅杨廷和等为一方，以皇帝和张璁、桂萼等为另一方的“大礼议”之争。

这场在皇统问题上的政治论争愈演愈烈。“始而争考、争帝、争皇，继而争庙及路，终而争庙谒及乐舞。”在“继统派”的支持下，世宗的态度变得十分强硬。后来矛盾激化，首辅杨廷和辞官回乡。嘉靖三年七月，杨廷和的儿子翰林杨慎便聚集了200多位大臣跪在左顺门前，吁求皇帝收回成命。世宗非常生气，于是他下令将五品以下官员134人下狱拷讯，四品以上官员86人停职待罪。七月二十日，锦衣卫请示如何处理逮捕的大臣，世宗下令四品以上官员停俸，五品以下官员当廷杖责。180多人受到了杖刑，以编修王相为首的17人被杖击而死。世宗于九月颁诏，定称其父尊号为“皇考恭穆献皇帝”，称孝宗为“皇伯考”。左顺门事件是大礼议的转折点，此后张璁等人所提议的世庙神道、庙乐、武舞及太后谒庙等礼议，多顺利实现。嘉靖五年，为朱祐杬建世庙于太庙之右。嘉靖十七年九月，又尊朱祐杬为睿宗，祔于太庙，并改其陵墓之名为显陵。这次大礼议前后延续近20年，其中包含了孝宗、武宗系统的顾命大臣与依附于世宗的中下级官吏之间的斗争，同时又有首辅与皇帝争权的内容，最终以世宗的全面胜利而告终。

通过这段历史我们可以看到，面对国君的一个不合礼的决定，并不是每个大臣都选择阿意屈从，他们反复据理力争，即使因此而招致杀身之祸也在所不惜。这就是儒家文化教育和影响下形成的认知、抉择。这种认知和抉择不一定是完全正确的。但是我们起码可以看到一种精神、一种责任、一种担当。作为一个大臣，在事君的时候，必须要有清醒的认识，不能将忠君变成愚忠。所以说“文死谏”在儒家的思想中是非常重要的一种品格。正是儒者基于对责任和担当的坚守，才可能对绝对的皇权予以一定的限制使天子也要在敬天、孝亲等方面俯首听从。从而为天下苍生谋取更大的利益。

在当代社会中，在提倡孝道的同时，也要时刻警醒“愚孝”的行为。既不能“阿意屈从，陷亲不义”，也不可失去理性，做出让父母伤心绝望的傻事。

曾经有过这样一则新闻，江苏的一位13岁少女，为了把自己的肝脏捐献给患肝癌的父亲，竟服用200片安眠药自杀，服药前留下一份遗书："妈妈，对不起，我不能陪你，我死后把我的肝移到爸爸的身体里去，救爸爸。"

少女的行为如石破天惊，轰动了网络。她的做法确乎出于爱父亲的一片至诚，看似大孝的行为。但在这件事情上，大多数人还是很冷静的。虽然也有些人在赞美，说她是至孝的举动，但是更多的人甚至很多的学者都撰文认为是非常不当的行为。她的这种行为看起来值得赞美，但如果这样做了，她的死会给她的父母带来何等的悲伤？即便就像她所期待的那样，用她的肝脏救活了父亲，那么她的父亲得到了有限的生命，却永远走不出无尽的哀伤。所以说她的做法已经走到了"愚孝"这个极端，这是我们在践行孝道时要时时警醒的。

面对这样的"孝行"，我们有必要再度回顾历史上诸多儒者的种种表现，把握孝道的真精神，做一个理性而明智的孝子。

第九章 孝的人文关怀

1 丧礼规制　培固人性

爱敬是孝亲之始，哀戚是孝亲之终，生养死葬是孝亲之义。

儒家非常重视丧祭。丧祭是一种礼仪，同时也是一种孝行。它的义理所在，就是要人能够慎终追远。而慎终追远的行为不仅仅培固了个人的道德，更是治理社会的重要方式。孔子明确说过："慎终追远，民德归厚矣。"（《论语·学而第一》）一个人如果对待自己的父母，对待自己的祖先，能够有恭敬谨慎之心，以此心和睦家庭，友爱亲族，那么整个社会就可以和谐、安定。另外，通过这些做法，也能够实现对人性的培固，引导培养人们健康光明的心理。儒家这样一套完整的丧祭礼仪体系，正是从人的感情最深处发端的，从对待父母的丧礼开始的。

子曰："孝子之丧亲也，哭不偯，礼无容，言不文，服美不安，闻乐不乐，食旨不甘，此哀戚之情也。三日而食，教民无以死伤生。毁不灭性，此圣人之政也。丧不过三年，示民有终也。为之棺椁衣衾而举之，陈其簠簋而哀戚之；擗踊哭泣，哀以送之；卜其宅兆，而安措之；为之宗庙，以鬼享之；春秋祭祀，以时思之。生事爱敬，死事哀戚，生民之本尽矣，死生之义备矣，孝子之事亲终矣。"

《孝经·丧亲章第十八》

这里的"亲"就是指自己的父母。这段话强调的是孝子在丧亲之后应有的行为表现。前半部分强调即便面临父母去世的突然打击，孝子依然要做到悲哀有度，行为有节，不"以死伤生"。

哭不偯——这个"偯"字的意思是拖着长音，哭到声断气绝的程度。世界上最爱我们的人永远地走了，子女的悲伤痛哭源于发自内心的哀恸，但是不能够哭到上气不接下气，甚至声断气绝伤害身体的程度。

礼无容——完全没有任何心思去刻意修饰自己的容貌。

言不文——说话也不会刻意地选择一些优雅的词句来表达。

服美不安——如果穿着很华美的衣服的话，心中会感到不安。

闻乐不乐——听到音乐之后，也不感到丝毫的快乐。

食旨不甘——吃到嘴里的美味的食物，也不感觉到可口。

之所以会有这样的行为和感受，就是因为发自内心的"哀戚之情”。自己的父母去世了，心中充满了痛苦和哀伤，自然完全没有心情在这些方面过多地关注。由此可以看出，儒家的礼仪制度十分重视培固和呵护子女在父母去世之后的深哀巨痛。因为这种哀恸是合于人性本然的一种表现，将这种哀恸通过外在的仪节规范下来，对培固健康的人性，保持健康的身体都是有好处的。更重要的是，这种情感的不断被强化，会不断触动人心中最为纯真和柔软的部分，从“尽心知性”“求其放心”的方面体现君子之道、君子之德。

所以在丧亲的时候，孝子最自然地表现出来的，也是最应该表现出来的，就是自己心中真正的悲伤和哀痛。以上的种种表现，都是人之情感的自然流露，但是如果任由这种自然的情感漫无节制地发展，可能会对孝子造成生理上和心理上的伤害。因此在这方面就有了具体的规范：

三日而食，教民无以死伤生。毁不灭性，此圣人之政也。丧不过三年，示民有终也。

三日而食——孝子在父母过世以后悲伤万分，三日内不吃饭是正常的，但是三日后就必须吃饭了。有的人说，我深爱着我的父母，父母去世了，我心中万分悲痛，一星期，甚至一个月都吃不下饭。在儒家看来，这就是违背了中庸之道的过分的行为。因为如果超过三日不食，就可能会给孝子带来身体上的伤害。所以“三日而食”是十分人性化的礼法规范。同样，根据服丧者和丧主关系的不同，所服丧服的不同，儒家同样做了各有不同的规范，这也体现了礼的差等：

> 斩衰三日不食，齐衰二日不食，大功三不食，小功、缌麻再不食。士与敛焉，则壹不食。故父母之丧，既殡食粥，朝一溢米，暮一溢米；齐衰之丧，疏食水饮，不食菜果；大功之丧，不食醯酱；小功、缌麻，不饮醴酒。
>
> 《礼记·间传》

由于亲疏的不同，面对逝者的悲痛之情也一定是不同的。所以不同丧服，不食的时间各有不同，所吃的食物也各有区别。儒家在礼仪之节上规定得如此细致入微，正是要让人充分重视情感的丰富性和复杂性，重视看似繁文缛节之礼所体现的对人与人的差别性的充分尊重。

2 怀念逝者更保护生者

教民无以死伤生。毁不灭性，此圣人之政也——这样做的目的就是要教导百姓，不要因为怀念死者反而伤害了生者的身体。因为哀伤悲痛而让孝子形销骨立是值得提倡的，因为这也是培养孝道的做法，但不可以危及性命，更不可以让孝子在痛苦中迷失了本心。这是圣人治理天下的爱民之举，也是父母离世前最大的心愿。这一规范同样充满了对人性与人心的呵护。

在丧礼方面，儒家所有礼制仪节的设计，从生理到心理，都考虑到了对生者的保护，体现了“不以死伤生”和“毁不灭性”

的人文关怀。尽管我们强调“死者为大”，要重视已经过世的亲人，但是儒家一个明确的道德底线是不能够因为这种重视，而给生者带来生理和心理上不可挽回的伤害。

《礼记·问丧》中有这样明确的规定：

> 亲始死，鸡斯徒跣，扱上衽，交手哭。恻怛之心，痛疾之意，伤肾、干肝、焦肺，水浆不入口三日。不举火，故邻里为之糜粥以饮食之。夫悲哀在中，故形变于外也；痛疾在心，故口不甘味、身不安美也。

在父亲或者母亲刚刚去世的时候，孝子要脱掉吉冠，将头发束起来，光着脚，把深衣前襟的下摆掖进腰间，双手交替捶着胸口痛哭。那种痛不欲生的心情，真是五内俱焚，三天的时间里一点水也喝不进，一口饭也吃不下。不生火做饭，所以左邻右舍便熬点糜粥让他食用。因为内心有无限的悲哀，所以面色憔悴，形容枯槁；因为痛不欲生，所以吃什么食物都吃不出味道，穿什么衣服也不在意讲究。

通过《礼记·檀弓上》我们也可以清晰地看到儒家对这一原则标准的持守是何等严格：

> 曾子谓子思曰：“伋！吾执亲之丧也，水浆不入于口者七日。”子思曰：“先王之制礼也，过之者，俯而就之；不至焉者，跂而及之。故君子之执亲之丧也，水浆不入于口者三日，杖而后能起。”

面对老师曾子七日不食这种丧礼过情的做法，子思子明确地表达了自己理性的劝谏。首先明确强调这是先王所制定的礼的规范。作为后儒，在落实这些礼的时候必须要有一份诚敬之心，随顺之意，“过之者，俯而就之；不至焉者，跂而及之”。要时时把握从容中道的精神，做到无过无不及。其中所体现的，正是儒家“当仁不让于师”（《论语·卫灵公第十五》）的精神。

如果说“三日不食”是孝子在面对父母去世的突发情况时发乎情而止乎礼的具体表现，那么“三年之丧”就是儒家思想在孝亲方面更加具有理性与情感交融的思考和设计了。

3 “丧不过三年”与“礼不下庶人”

丧不过三年，示民有终也——为父母服丧最初是孝子表达孝道的自发行为，并无法律的强制意义，但为了不以死伤生，儒家规定丧期不超过三年，目的是要让孝子懂得，即使怀念父母，行为上也要有一定的限度，不能够过分。这也是喜怒哀乐“发而皆中节”的具体体现。

同样，儒家将君和师都比作父母，所以三年之丧的范围便由对父母推及对君师。《礼记·檀弓上》就记载：

> 事亲有隐而无犯，左右就养无方，服勤至死，致丧三年。事君有犯而无隐，左右就养有方，服勤至死，方丧三年。事师无犯无隐，左右就养无方，服勤至死，心丧三年。

为父母服丧称为“致丧”，也就是心中的哀痛和自己身穿的丧服都是最重的；为国君服丧称为“方丧”，是比照着为父服丧的方式为国君服丧；为老师服丧称为“心丧”，心中的哀戚之情犹如为父母服丧，但不穿丧服。这种做法的意义和对后世的影响是十分深远的，中国人的移孝作忠和尊师重道都与此有密切的关系。同样，作为君和师，有了父母的责任和情感之后，将爱子之心推及臣下和学生，对待他人的态度就会有本质的变化，仁民爱物、民胞物与就绝不是一句空话。

在儒家思想的影响下，老师与弟子之间的感情也像父母和子女的感情一样，所以为老师服丧是儒家很独特的礼仪规范。最具有典型意义的就是孔子和他的弟子们。孔子去世后，他的弟子们在他的坟前“庐墓三年”，为自己敬爱的老师守了三年丧。等到三年之后，其他弟子收拾好自己的东西准备离开了，大家都来拜别子贡。因为子贡没有打算当时离开，他在孔子墓前又继续守了三年，共计“庐墓六年”。当然这是极其例外的情况，既体现了子贡和老师更加特殊的感情，也说明当时三年之丧仅仅是个原则性的礼法规定，还没有成为法律制度。以三年为期限不仅仅可以培固孝心，也充分体现了对生者的重视和关照。三年之期也有无过无不及的考虑在其中。

在《论语·阳货第十七》中有这样的记载：

宰我问：“三年之丧，期已久矣！君子三年不为礼，礼必坏；三年不为乐，乐必崩。旧谷既没，新谷既升；钻燧改火，期可已矣。”子曰：“食夫稻，衣夫锦，于女安乎？”曰：

“安！”“女安，则为之！夫君子之居丧，食旨不甘，闻乐不乐，居处不安，故不为也。今女安，则为之！”宰我出。子曰：“予之不仁也！子生三年，然后免于父母之怀。夫三年之丧，天下之通丧也。予也有三年之爱于其父母乎？”

宰我对“三年之丧”提出了异议。他认为不要说三年之丧，一年之丧其实已经很长了。如果君子在三年中不行礼、不举乐的话，礼乐就会受到损害，所以说三年之丧改成一年应该可以。孔子马上就问他如果在守丧期间，每天吃着精美的粮食，穿着华美的服装，自己觉得心安吗？宰我回答说：“安！”孔子说如果你觉得心安的话，你可以这样做。但君子在居丧期间的表现却应该是“食旨不甘，闻乐不乐，居处不安”。这和《孝经·丧亲章第十八》中提到的“服美不安，闻乐不乐，食旨不甘”所表达的思想别无二致。因为心中不忍在父母去世后享受舒适的生活，所以不会这样做。但如果你觉得心安，那你就可以这样做。宰我出去之后，孔子批评他不仁，并指出任何一个孩子都是在出生三年后，才可以离开父母的怀抱，独自站立行走，所以等子女长大之后，为了表达孝心和爱意，在父母去世之后服丧三年以表达心中的哀痛和思念。三年之丧已经成为天下通行的做法，难道宰予的父母没有给他三年之爱吗？

通过宰我的发问我们可以知道，“三年之丧”在孔子生活的时代已经是约定俗成的对孝子的行为规范了。所以孔子也明确指出：“夫三年之丧，天下之通丧也。”但还没有成为法律制度。

站在孝道的角度看，作为儿女，对父母的养育之恩时时心存感激和怀念，虽然我们无法完全报答，但还是要尽己所能地去努力。这种努力在儒家的思想下应该是自发自愿的，而非强制性规定。所以当宰我认为“三年之丧”时间太长而影响了社会生活的时候，孔子并未直接对他进行批评和驳斥，反而问他是否于心不安，当宰我毫不犹豫地表达了自己的态度后，孔子对他有失望，也有教诲，孔子重言：“女安，则为之！”表达了对宰我轻率自负之行为的失望和不满。这种重复表达在《论语》中是不多见的，每次出现都表现了孔子对所言之事的重视和强调。尽管失望，孔子还是尽心尽力地将道理讲给了宰我，告诉他君子居丧的内心感受，其实也隐含了对“三年之丧”的义理思考。

每个人出生后最初的三年时光大多数时候是在父母的怀抱中度过的，在儒家看来，父母给予了我们“三年之爱”，我们回报父母以“三年之丧”是合情合理的行为。宰我的做法看似对社会的劳动和生产有价值，但其行为却无形中损害了人之为人最根本的对父母的孝敬和关爱，所以孔子对宰我“期可已矣”的主张予以严厉的批评，并明确告诉其他弟子宰我“不仁”。

有人曾以这段话为证据批评孔子在背后议论他人之非，进而认为孔子口是心非。这种批评显然是荒唐可笑的，但在当代社会中却又有不少的拥趸。之所以出现这样的批评，一来是他们根本没有读懂《论语》，没有理解孔子的用心所在；二来是对现代所谓批判性精神似是而非的把握和运用，甚至还在心底潜伏着一份渴望打倒权威、消解神圣以自抬身价的欲望。尽管当代社会很难再像古代社会那样敬畏圣贤、尊重权威，但我们依然要有一份对历史的“温情与敬意”，方可避免无知的自负。

孔子对宰我尽管有失望，但却依然在用心地引导和教诲，并没有以师者的权威去干涉和压制。当宰我陷入自我判断时，孔子将义理向他言明，应该是要他自己反省领悟，因为孔子的教育原则是“不愤不启，不悱不发”(《论语·述而第七》)。同时，孔子在他离开后和其他弟子的对话也并不是背后的议论。根据文义我们可以看到，宰我的提问和孔子的回答是在其他弟子在场的情况下发生的，当宰我离去后孔子所做出的对他的批评一方面是要当时在场的其他弟子深思并辨明是非，同时也不无借弟子之口间接告诫宰我之意。因为以孔门弟子的情谊，大家没有理由不把老师的意见转告给宰我。这样的场景和用心，正是充满温情和关爱的，即使批评也是和风细雨式的。

与宰我相反，王裒的做法体现了孝的另一个方面——

> 魏王裒，事亲至孝。母存日，性怕雷，既卒，殡葬于山林。每遇风雨，闻阿香响震之声，即奔至墓所，拜跪泣告曰：“裒在此，母亲勿惧。”

这就是《二十四孝》中王裒“闻雷泣墓”的故事。

王裒是魏晋时期营陵（今山东省昌乐县东南）人，博学多能，颇有风骨。他的父亲王仪被司马昭杀害以后，他隐居以教书为业，终身不面向西坐，以此表示永不做晋臣。他的母亲在世时特别害怕打雷，母亲死后埋葬在山林中。每当风雨天气，听到雷声，王裒就会跑到母亲的坟前，跪拜安慰母亲说：“裒儿在这里，母亲不要害怕。”王裒教书时，每当读到《诗经·蓼莪》一篇，想到“哀哀父母，生我劬劳”，就会悲痛不已，泪流满面。他的弟子看到老师如此伤心，每当学习《诗经》时便自发将此篇跳过不学。王裒和他的弟子这种孝亲尊师的行为被传为佳话。

通过上述事例我们可以看到，“三年之丧”是充分尊重了人之为人的一种做法，而不是用以沽名钓誉的东西。后世将其制度化、法律化之后，虽然在某些方面有利于儒家思想的普及和推广，但也给一些存心不良的人造成了可乘之机。

《后汉书·陈蕃传》记载了当时有一个叫赵宣的人，葬亲之后在墓道中居丧二十多年，被人广为称颂。但后来被太守陈蕃发现赵宣的五个孩子都是在他居丧期间所生的，真相才大白于天下。原来这个所谓的大孝子其实是一个只为求得孝子之名的伪善之徒。

赵宣的做法无疑是可笑的。如果他认真落实“三年之丧”的话，不但不会身败名裂，反而可能因为孝道而得到被推举为官的机会，因为汉代尤其是东汉时期做官的一个重要途径就是“举孝廉”——由地方郡国推举孝子廉吏给朝廷，朝廷直接下诏任命为官员。如果赵宣是一个真正的孝子，那么陈蕃就可能向朝廷举荐，他便真正名扬天下了。但真实的赵宣却是一个打着孝子招牌但严重违背孝道的不孝不忠之人。既违背了居丧期间夫妇不可同居的规定，居丧期间生了五个孩子；同样也背离了“三年之丧”的理性态度，居丧二十多年。为了私欲不择手段，把孝道当作自己满足私欲的手段，这种行为在儒家思想中是不可饶恕的。也正如前文已经谈到的“五刑之属三千，而罪莫大于不孝”。

在居丧期间，孝子必须遵守一些具体的规范和要求。首先要别居，不能住在原来比较舒适的房子里，要在父母的坟前搭建一间简陋的房子，住在这里守孝，这叫作“庐墓三年”。其次要变服，不能穿平时的衣服，更不能穿礼服，在服丧期间要穿丧服，或者穿一些普通的服装。最后要祭祀，通过这一仪节让孝子对父母的永思和追念变成一种常态化的做法。正是通过这些看似特殊甚至有些极端的方式，才能让人在进退语默、一言一行之中，体会到父母的爱子深心，怀想自己曾经得到过的无微不至的疼爱。这体现的是一种天伦和人伦的和谐，培固的是一种感恩、向善的孝心。

这些具体的规范东汉以后都变成了法律制度，要求百姓严格地遵守，否则便会受到法律的严厉处罚。但如果探求一下，我们会发现后世的做法和儒家最早对丧礼的思考路径还是有很大不同的。

在《礼记·三年问》中，对“三年之丧”有如此明确的记载：

> 创钜者其日久，痛甚者其愈迟。三年者，称情而立文，所以为至痛极也。斩衰、苴杖、居倚庐、食粥、寝苫、枕块，所以为至痛饰也。

由此我们清晰地看到，儒家在设计“三年之丧”时所考虑的正是对人情的考量与呵护。“斩衰、苴杖、居倚庐、食粥、寝苫、枕块”，都是对孝子在居处方面的具体要求。丧礼规定在未葬以前，孝子要身穿丧服，手拿竹杖，在门外东墙临时搭建简陋的棚屋“倚庐”，并用茅草编制成的垫子作为卧席，睡时头枕土块，以此表示极度的悲痛。《仪礼·既夕礼》中也有同样的要求。《左传·襄公十七年》中也记载了齐国国相晏婴为父服丧的细节：“齐晏桓子卒，晏婴粗衰斩，苴绖、带、杖，菅屦，食鬻，居倚庐，寝苫，枕草。”也是依循着古礼的精神，和儒家的思考完全相同。

当父母下葬以后，孝子所居的倚庐内壁可以涂泥挡风。百日卒哭（古代丧礼，百日祭后，止无时之哭，变为朝夕一哭，名为卒哭）以后，可以对倚庐稍加修整。一年小祥（父母丧后周年的祭名。祭后可稍改善生活及解除丧服的一部分），拆除倚庐，在原处改建小屋，用白灰涂墙，称为“垩室”，居于其中，并铺用普通寝席。二年大祥（父母丧后两周年的祭礼），重新回到正寝，但仍不能用床。直到服丧完毕，才可以一切恢复如常。

这是对居丧形式的要求，但居丧尽哀，仍是普遍的伦理要求，形毁骨立，扶而能起，杖而能行，被认为是孝心的体现。丧礼中这许多琐细而苛刻的规定一般人很难完全做到的，因此后世往往也多有变通。

东汉以后，服斩衰之丧的人如果是现任官员，都必须离职成服，归家守制，就是守丧，也叫作“丁艰”或“丁忧”。父丧称“丁外艰”或“丁外忧”，母丧称“丁内艰”或“丁内忧”。直到守丧期结束，才能重新复职。只有在特殊情况下，皇帝才能以处理军国大事的需要为理由，不让高级官员离职守制，这称为“夺情”。但即使有皇帝的圣旨，那些遵旨依旧任职视事者往往也会被弹劾和攻击为有悖人伦，要承受极大的舆论压力。明代大学士张居正就是一个典型的例子，不仅受到了舆论的压力，还因此而不得善终。在他辅佐万历皇帝，权倾朝野之时因为担心失去宰辅的权势而借小皇帝之手为自己下了夺情诏书，被翰林院编修吴中行等人上书弹劾，当时虽然未能撼动其权势，但最终在他病故仅仅两年之后，就被万历皇帝抄家，以罪状示天下，还差点开棺戮尸。他的家人饿死的饿死，自杀的自杀，流放的流放，逃亡的逃亡。张居正的悲剧是因为他的专横跋扈、震主之威，但启祸的根由却是他的夺情不孝。

虽然居丧之礼要求庐墓、食粥，但如果身体出现创伤或疾病，则要及时回归正常生活，而不是刻意坚持所谓的尽礼，过度便是愚孝。对此，《礼记·曲礼上》中有着清晰而严格的规定：

> 居丧之礼：头有创则沐，身有疡则浴；有疾则饮酒食肉，疾止复初。不胜丧，乃比于不慈不孝。五十不致毁，六十不毁，七十唯衰麻在身，饮酒食肉处于内。

居丧期间保持身体健康是最重要的礼，也是对孝子居丧期间行为的一个更加合于人性的规范。如果父不能用健康的身体为长子服丧等同于“不慈”，子不能用健康的身体完成庐墓居丧等同于“不孝”。于是明确要求如果因为居丧时营养不良而身患疾病，就必须回归正常的生活状态，饮酒食肉，病愈之后继续居丧。而年事已高者服丧的原则是首先保证身体健康，无须庐墓而居，饮食起居一切照旧，仅仅要求身着丧服即可。如此细致的规定充分体现了儒家思想对人的重视和呵护。

同样的道理，儒家在丧礼方面对儿童也有严格的保护。《礼记·杂记下》规定：

> 童子哭不偯，不踊，不杖，不菲，不庐。

这段话规定了未成年的孩子在遇到丧亲之事的时候应有的表现。首先“哭不偯”，就是我们上面所说的不能够拖着长音哭得声断气绝。“不踊”，踊是跺着脚，就是说不要跺着脚哭得昏天黑地。“不杖”，不用扶丧杖，也就是说童子不需要成为丧礼上的主要参与人，扶丧杖者需要更加沉痛地表达情感，而儒家对童子不做这样的要求。“不菲”，童子居丧时不必穿草鞋。“不庐”，不需要在坟前庐墓三年。

为什么会有这样的规定？这是从童子的生理特点来考虑的。当父母去世后，小孩子也要表达自己的哀痛之情，但必须要有节制。如果没有节制的话，哀伤悲痛一定会影响他的健康成长。所以《礼记·杂记下》就有如此具体的规定，这个规定完全是在培固儿童的孝子之心的同时，也充分地关心到了儿童的生理、心理状况。

在此我们完全可以感受到儒家思想的人道和人性化，这才是真正的儒家，有担当、有智慧的儒家。同时也可以明白当下一些对儒家思想的污名化要么是对儒家的误会误读，要么是后世对儒家的刻意歪曲利用。

后半部分侧重具体地讲述了随之而举行的丧、祭的礼仪形式，以及由此体现的对生命尊严的尊重。

为之棺椁衣衾而举之——给他们准备好棺椁、衣裳、被褥，将尸体装殓好。棺椁是用来盛放尸体的，椁是套在棺之外的更大的外棺，棺椁齐备表示更高的礼遇。

陈其簠簋而哀戚之——用簠、簋盛放精美的食物献给父母以表达哀戚之情。簠、簋都是古代祭祀、宴享时用以盛黍稷稻粱的礼器。簠是方形的，簋是圆形的。

擗踊哭泣，哀以送之——捶胸顿足，痛哭流涕，充满哀伤地送别父母。擗是捶胸，踊是顿足，

卜其宅兆，而安措之——选择一块好的墓地，把父母好好地安葬下去。

为之宗庙，以鬼享之——设立宗庙，要用祭鬼神的礼来祭祀父母。这里的鬼指的是已经过世的父母和祖先。儒家讲的鬼是与神并列的神圣存在，并非后世宗教意义上的恶鬼。

春秋祭祀，以时思之——每年春秋二季都要定期地对父母进行祭祀，表达自己深深思念的哀痛之情。

这些丧葬礼仪确实很烦琐，这也是儒家遭到后世很多人批评的原因之一。很多人认为儒家过分讲求繁文缛节，这是因为他们只看到了孝或者说礼繁缛的表象，并没有触及核心和实质的问题。丧礼之所以如此设计，是要通过这种充满神圣感的礼仪来培养对儒家思想的体悟，并借此培养诚敬端正的态度、含弘广大的心胸、强健勇武的体魄、坚强刚毅的韧性和百折不回的耐心……具备了如此素质的儒者，方能够在入世的时候，具备良好的心智和体能，真正实现对家国天下的责任和担当。

这种繁缛的仪节实施起来就必须有大量的金钱，也需要大量的时间做后盾，普通老百姓是无法承担也无暇顾及的，于是，儒

家针对这种情况做出了“礼不下庶人”的规范。

“礼不下庶人”既是儒家最富有超前意识的设计，也是最合于人性的设计。如果不切实际地要求所有人都一体遵行，庶人因为没有足够的时间和经济能力来承担这样繁复的礼仪，却迫于礼仪的要求不得不做，那他最好的结果就只能是马马虎虎地糊弄了事，甚至还有人会用种种不正当的手段去维护自己的所谓尊严和脸面。这样的话，礼的神圣性和权威性就被消解了，同时也不符合儒家导人向善和人性关怀的初衷。所以儒家对庶人在执礼方面不做过分的要求，只要他能够在日常行为之中遵循基本的、相对简单的礼即可。而对于那些有身份、有地位的在上位者来说，则必须严格按照礼的约束和要求行事。“礼不下庶人”的规定，不仅避免了给百姓额外增加负担，同时也维护了礼的神圣性和权威性。只有这样，才能真正地把礼落实于当下，落实于生活。遗憾的是现在很多人都误解了这句话，非但不能领会和把握儒家仁爱百姓、化民成俗的深心，反而以此为论据对孔子、对儒家多有贬斥，其自以为是和颠倒黑白的观点实在是可悲可叹。

4 丧礼与孝道

在儒家所强调的诸礼之中，丧礼与孝道的关系最为密切，也是最典型、最重要的一种礼。

生事爱敬，死事哀戚——父母活着的时候，以爱敬之心奉养；父母去世之后，以哀痛之情料理后事。

生民之本尽矣，死生之义备矣，孝子之事亲终矣——能够做到这些，就算尽了人事、人道，尽到或完成了对父母生前与死后应尽的义务，孝子侍奉父母，到这儿是算是结束了。

但儒家对孝道的思考并未至此结束。《论语·学而第一》中，孔子说：“父在，观其志；父没，观其行；三年无改于父之道，可谓孝矣。”在《论语·里仁第四》里也再次指出“三年无改于父之道，可谓孝矣”。宋代儒者尹暾认为：“三年无改者，孝子之心有所不忍故也。”（见朱子《论语集注》）孝子的这份不忍就是孝心孝行的动力源泉。所以，《礼记·祭义》中“父母既没，慎行其身，不遗父母恶名，可谓能终矣”是孝，《礼记·玉藻》中“父没而不能读父之书，手泽存焉尔。母没而杯圈不能饮焉，口泽之气存焉尔”也是孝，《礼记·祭义》中“国人称愿然曰：‘幸哉有子如此！’”还是孝。

因为有了这份“不忍”之心，人才有别于禽兽。儒家所要培固的，正是人之为人的“不忍”之心。

看到父母的身体曝露荒野，被蝇蚊叮咬，被狐狸啃食，子女心中感到愧疚，所以自发地将父母的遗体安葬在土里，于是就产生了葬礼。

因为看到孺子落入井中危在旦夕，看到从自己眼前经过的牛将要被杀掉用来祭祀，触动了内心深处的同情和恻隐，于是明白人性本然有善，并将这种善心推及出去，有了仁民爱物的精神。

于是，“不忍”之心便成为治国者对天下、对人、对万物的人文关怀。

孟子曰：“人皆有不忍人之心。先王有不忍人之心，斯有不忍人之政矣。以不忍人之心，行不忍人之政，治天下可运之掌上。所以谓人皆有不忍人之心者，今人乍见孺子将入于井，皆有怵惕恻隐之心。非所以内交于孺子之父母也，非所以要誉于乡党朋友也，非恶其声而然也。由是观之，无恻隐之心，非人也；无羞恶之心，非人也；无辞让之心，非人也；无是非之心，非人也。恻隐之心，仁之端也；羞恶之心，义之端也；辞让之心，礼之端也；是非之心，智之端也。人之有是四端也，犹其有四体也。有是四端而自谓不能者，自贼者也；谓其君不能者，贼其君者也。凡有四端于我者，知皆扩而充之矣，若火之始然，泉之始达。苟能充之，足以保四海；苟不充之，不足以事父母。”

《孟子·公孙丑上》

儒家教人尽孝，就是要直抵本源。三年之丧，对孝子而言，就是要将他的终身之忧限定在合理的期限之内，设定在合理的范围之内。对于不孝子而言，则是望其能够看到孝子的孝行孝心，进而心生敬仰并且向孝子学习，从而走上一条自新之路，这体现的仍然是儒家对人性的关怀。我们在前文中提到过的《左传》中《郑伯克段于鄢》的故事，郑庄公由一个不孝之子转变为一个孝子，就是在颍考叔的孝子之心的影响下才发生了根本的转变。

5 当下社会如何落实丧祭之礼

无论时代如何变化，丧祭的方式如何变化，三年之丧的义理思考是从人的情感最深处发端的，是对人性人心具有永恒价值的一次洗礼和检验。当代的中国，随着生活方式和居住条件以及社会格局的巨大变化，我们绝大多数人已经无法做到庐墓而居，也无法像王裒那样闻雷泣墓，但是我们在丧亲时内心的哀痛却和古人别无二致。如何表达这种哀痛并且有所节制，就是我们当下在丧礼中要注意的问题。

从个人的角度而言，古人在服过三年丧期之后，还有三年心丧，也就是在内心要继续为父母服丧三年，以表达对父母的追思和悼念。我们可以学习古人这一点，将三年的心丧作为我们现在丧礼的丧期，同时适当地节制自己的欲望。在父母去世以后，要时时追念父母为我们一点一滴的付出，并按时对父母进行祭奠。

从社会的角度而言，在民间，尤其是在中国南方的一些地区和一些比较偏远的乡村，丧祭依然受到很高的重视，依然还有很多关于父母去世以后丧礼的具体安排，有很隆重、很烦琐的仪式，丧祭还是有着相当深厚的社会和民意基础的。但是在北方，尤其是在一些发达的城市，人们对丧祭的重视程度是远远不够的。多数情况下，当父母、亲人、朋友去世之后，都是在殡仪馆举行一个简单的遗体告别仪式，之后火化，并将骨灰寄存在公墓中，丧礼也就完成了。许多人认为这样做简单而且卫生，也不浪费钱财和土地资源，但是这种简单，却会使我们追求方便的同时也失去了对长者、对逝者应有的发自内心的尊重，所以说这种简单其实并不利于人心向善的培固。而与之相反，有些地区在重视丧祭的风气之下开始盲目攀比丧礼的豪华奢侈，而对逝者的真诚却难以看到了，这又将丧礼的精神引向另一个极端。

从国家的角度而言，目前我国把清明节列为国家的法定节假日，有一天的休息时间，可以说这在一定程度上体现了国家对孝的重视。但是这个制度的设计，它的出发点更多的是从民俗或者说从回归传统角度出发的，还不完全是针对孝的设计。所以说，在客观上对丧礼和儒家的伦理价值有了一定程度的理性回归，但在主观上，我们现在对于丧礼的重视程度还是远远不够的。

从文化的角度而言，"礼失求诸野"，儒家文化从来都是开放和包容的，当我们将视野投向民间，投向海外之后就会发现，在有一定传统遗存的乡下，在我们的邻邦韩国，社会对于丧祭都还有着比较完好的保留。所以当代的中国，在复礼方面，需要多从民间习俗和我们的邻邦汲取营养。

基于如此现状，我们可以从制度的设计上对丧礼予以充分的保障，并在社会中弘扬"慎终追远"的良好风气，重建丧祭礼仪，回归孝道，以便于孝子有足够的条件为父母尽最后的孝心。

如果国家能够进一步从孝道入手适当地予以引导，给予丧礼更高的重视，特别是从一些制度上进行规定，给予公务员或者为国家工作的人一些时间上的福利，就可以使丧礼在社会上成为受人重视的礼节。而对丧礼的重视，恰恰可以培固人们的向善之心，能够成为社会安定和谐的一个重要的方面。如果能够做到这一点的话，也就实现了"孝治天下"的应有之义。如果能够真正实现"孝治天下"的理想，也就实现了我们所追求的和谐社会。

第十章 孝道溥世 大行德广

1 道德教化的核心和根本是孝道

在儒家思想中，儒者的修养是通过“格物、致知、诚意、正心、修身、齐家、治国、平天下”的理路渐次而行的，最终实现由“明明德”到“亲民”，再到“止于至善”这样一个理想的道德境界。换言之，其结果就是要达到“内圣外王”高度统一的人格境界。

如果一定要做一分殊的话，内圣和外王权且当作两个看：内圣，就是由“明明德”而达到“止于至善”的道德高度。这一主张是《礼记·大学》（后世也称之为“古本大学”）里非常明确的表述。齐家、治国、平天下“一是皆以修身为本”，都是修身；“亲民”即是“泛爱众”，也是修身。

至于说到外王，是南宋朱熹将《大学》从《礼记》中抽出独立成篇，作为“四书”之一，并解“亲民”为“新民”，重新调整全篇结构之后才更加突出和明确的。是指由个体的修养到家国天下的责任和担当，这种担当在《礼记·礼运》篇中也有非常明确的表述。

孔子在鲁国参与了一次蜡（zhà）祭的仪式以后，和学生子游一起来到宫门外的双阙上游赏，想到鲁国的现状不禁喟然而叹。子游问他：“君子何叹？”孔子于是就感慨地说当年三代圣王执政的时期，儒家的大道流行的时候，很遗憾自己没有亲身经历过，但是却心向往之，希望能够在当代的社会，在我们这个时候，实现这些理想。

那么孔子想要实现什么样的理想呢？

> 大道之行也，天下为公，选贤与能，讲信修睦。故人不独亲其亲，不独子其子。使老有所终，壮有所用，幼有所长，矜寡、孤独、废疾者皆有所养。男有分，女有归。货，恶其弃于地也，不必藏于己。力，恶其不出于身也，不必为己。是故谋闭而不兴，盗窃乱贼而不作。故外户而不闭，是谓大同。
>
> 《礼记·礼运》

“大道之行也，天下为公”，这就是孔子所追求的至高理想。在儒家看来，实现内圣外王，达到“止于至善”的境界，实质上就是实现了天下为公，世界大同。

这一理想如何实现？在儒家看来，最好的治理手段就是用道德进行教化，而道德教化的核心和根本就是落实孝道——以孝治天下。

> 子曰："昔者明王之以孝治天下也，不敢遗小国之臣，而况于公、侯、伯、子、男乎？故得万国之欢心，以事其先王。治国者，不敢侮于鳏寡，而况于士民乎？故得百姓之欢心，以事其先君。治家者，不敢失于臣妾，而况于妻子乎？故得人之欢心，以事其亲。夫然，故生则亲安之，祭则鬼享之。是以天下和平，灾害不生，祸乱不作。故明王之以孝治天下也如此。《诗》云，'有觉德行，四国顺之。'"
>
> 《孝经·孝治章第八》

在这段话里，我们可以看到的是儒者所描画的一幅非常美好的政治蓝图。

在这幅政治蓝图中，首先有道德高尚的君主，即"昔者明王之以孝治天下也"中的明王，也就是儒家人物谱系中的圣人。明王的德行可以成为世人的楷模、榜样，他们高尚的德行可以对在下位者进行道德的风化和引领。这是前提，也是最根本的一点。

其次，有谨慎处事的在上位者。首先对明王而言，"不敢遗小国之臣，而况于公、侯、伯、子、男乎？故得万国之欢心，以事其先王"。即使是小国的使臣，他们都以礼相待，不敢遗忘与疏忽怠慢，何况对于公、侯、伯、子、男这样的一些诸侯呢？其次对于治国者，也就是拥有一个封国的诸侯，"不敢侮于鳏寡，而况于士民乎？”他们连鳏寡之人都以礼相待、不敢怠慢、侮辱，何况对士人和平民呢？再次是治家者，拥有自己封邑的卿大夫，“不敢失于臣妾，而况于妻子乎”。他们连奴婢、仆童都以礼相待，何况是对待妻子、儿女呢？在这里我们可以看到，每一个人不管他身居何位，都要谨慎本分地尽自己的职责，都要有一种如临深渊、如履薄冰的敬慎心态，做自己分内的事情，丝毫不敢疏忽，不敢懈怠。同时也绝对没有所谓的颐指气使，没有骄横跋扈。这些做法充分地显示了一个儒者，一个具有儒家修养的执政者、当权者的素养、道德，而这正是儒家所谓的“有德者有其位”的具体表现。这是在这幅政治蓝图中的第二个层面。

再次，还有能够被社会广为接受的孝道。“故得人之欢心，以事其亲。夫然，故生则亲安之，祭则鬼享之。”在上位者如果能够得到人民的欢心，而且能得到普遍认同的话，他们就会受到人们高度的尊重，用这样的方式来事亲，就达到了大孝的境界。我们在前边已经讲过，所谓的“大孝尊亲”，一个层面就是让父母因为我们自己的行为而得到他人的高度尊重。现在如果一个有德行、有身份、有地位的在上位者能够得百姓的欢心并受到高度尊重，这就是为父母增光的大孝之行。同时，用这样的大孝之行来教化和引导百姓人人都以事亲为荣，让在世的父母能够事事顺心，让去世的父母能够尊享祭祀，孝行就可以流布，爱心就无处不在。

最后，还要有一个天下和平的气象。“是以天下和平，灾害不生，祸乱不作，故明王之以孝治天下也如此。”后边所引《诗经》中的“有觉德行，四国顺之”表达的也是这样的思想。

如果有了上述的前三者——有德行的高尚的君主，有谨慎处事的在上位者，有能够被社会所普遍认同的孝道，就很容易实现上下的良好沟通和互信。有上对下的敬爱和下对上的忠顺，那么实现社会普遍和谐的基础就基本建立起来了。这样的话，不仅能够使得百姓安居乐业，四季风调雨顺，社会安定承平，还可以实现儒家所追求的“近者悦，远者来”的德治盛世图景。

这与《礼记·礼运》中的“大同世界”只是表述上的不同，却有着异曲同工之妙。

2 以孝治天下

关于儒家以孝治天下的理想，在其他的典籍中也有论及，我们看《礼记·乐记》和《礼记·祭义》之中类似的表述。

> 然后圣人作为父子君臣，以为纪纲。纪纲既正，天下大定。
>
> 《礼记·乐记》

把父子君臣的关系，也就是父慈子孝和君敬臣忠的道德要求，作为国家的纪纲，从个人的道德操守和行为准则上升到国家的伦理规范、法律制度，并用这样的规范和制度来引导百姓的话，天下就会实现和谐安定。

> 先王之所以治天下者五：贵有德，贵贵，贵老，敬长，

慈幼。此五者，先王之所以定天下也。贵有德，何为也？为其近于道也。贵贵，为其近于君也。贵老，为其近于亲也。敬长，为其近于兄也。慈幼，为其近于子也。是故至孝近乎王，至弟近乎霸。至孝近乎王，虽天子必有父。至弟近乎霸，虽诸侯必有兄。先王之教，因而弗改，所以领天下国家也。

《礼记·祭义》

先王有五种治理天下的手段：贵有德，贵贵，贵老，敬长，慈幼。如果拥有了这五者，先王便可以安定天下。第一，要贵有德。有德者的行为近于道，所以我们要把他作为自己尊重和推崇的榜样。第二，要贵贵，就是说对于那些地位高的人要多加尊重。这里所贵的“贵”不是我们通常所说的“富贵”。在古代“富”和“贵”是有区别的，“富”是指财富而言，“贵”是指地位而言。这里的“贵”是指有地位的人，我们现在俗语中常说“贵人多忘事”，这个贵人就是有身份有地位的人。依照儒家的思想，居其位者应该有其德，对于这类人也要予以尊重，因为他们所处之位近似于国君，应该得到应有的尊重。这也是《论语》中孔子说“君子有三畏”中“畏大人”的原因所在。第三，贵老，因为老人近于亲，他们有似于我们的父母，所以我们要予以尊重，这就是孟子所说的“老吾老以及人之老”。第四，敬长，因为长者和我们的兄长年龄差不多，所以我们要尊重他们。第五，慈幼，因为幼儿和我们的孩子一样，这里也是孟子说的“幼吾幼以及人之幼”。“贵老”“敬长”“慈幼”都是推恩思想的具体表现。因此，在儒家看来，“至孝”的行为就近于王道；“至弟”，也就是高度尊重他人的行为，则近乎霸道。“至孝近乎王，虽天子必有父”，天子也一定是有父亲的，所以说即使是天子也不可以不行孝道。“至弟近乎霸，虽诸侯必有兄”，诸侯也有自己的兄弟，所以即使是诸侯之间也要奉行这种悌道。“先王之教，因而弗改，所以领天下国家也”，对先王之道、先王之教很好地践守落实，而不是随意更改的话，就可以引领天下国家的道德风尚，进而实现万邦和谐，天下大治。

孝治天下的思想源起于何时，我们已经无从考究，也无须考究，但其思想基础就是孔子所追求的以德治国思想，这一点却是毋庸置疑的。在《论语·泰伯第八》中记载了孔子的基本看法：

> 君子笃于亲，则民兴于仁。

这里的君子是儒家对在上位者惯常的表达方式，就像《诗经》中所言的君子一样。如果作为国家的高层管理者能够笃爱自己的父母、力行孝道，百姓就会有仁心仁德，整个社会就会有好的风气，国家就可以实现仁政的理想。而这种仁政的思想又基于儒家对人性的本然的思考。《孟子·滕文公上》曾经描述过上古时期的一种情形：

> 后稷教民稼穑。树艺五谷，五谷熟而民人育。人之有道也，饱食、暖衣、逸居而无教，则近于禽兽。圣人有忧之，使契（xiè）为司徒，教以人伦：父子有亲，君臣有义，夫妇

有别，长幼有叙，朋友有信。

对社会和常人而言，儒家的要求是很温和中正的。圣贤教人，首先要保证基本的饮食起居之需要，所以教民稼穑，很好地种植五谷，使普通百姓都过上安居乐业的生活。但是，从人之为人的本质上说，一个人如果只是追求饱食、暖衣、逸居这样的物质条件、物质享受的话，那么他和禽兽没有什么区别。作为有责任教化万民的圣人，比如舜，他对人的基本素质的下降充满担忧，于是就派契担任司徒“教以人伦”。

3 五伦关系是儒家思想的起点与根基

人伦是什么？就是儒家思想的重要立足点之一——“五伦关系”：“父子有亲，君臣有义，夫妇有别，长幼有序，朋友有信。”

从这里我们可以看得出，儒家思想和其他思想很大的不同之处。重视人伦其实并非儒家的独特之处，中外很多思想和宗教都十分重视人伦关系，所以在世界的不同国家才会兴起伦理学这门思考人的伦理道德的学问。但儒家所谈的五伦，却更加清晰地将人与社会的关系进行了全面而深刻的梳理，这甚至可以说是儒家思想最重要的理论基础之一。

无论何人，来到世间便会有父子关系，这一关系所隐含的是父母子女的关系，只不过古代的女子基本不需要承担社会责任，主要的活动都在家庭之中，所以表现比较隐微。同时，也会有兄弟姐妹，便产生了长幼关系。这两种关系是不可改易，也不可自我选择的，所以被称作“天伦关系”。成年之后还会成家立业，便自然产生夫妇关系。夫妇关系是后天的人为约定，可以改变，所以是“人伦关系”。但同时，夫妇关系又是父子、兄弟关系的前提和基础，所以儒家十分重视婚姻的神圣性和纯洁性，认为这一关系是“人伦之始”。以上三种关系都是基于家庭和个人的。另外的两种人伦关系就属于社会关系了。一种是君臣，只有一个人成年之后从事社会活动，才产生这一关系，但并非只有出仕为官才形成君臣关系。儒家很早就在强调“溥天之下，莫非王土；率土之滨，莫非王臣。”(《诗经·小雅·北山》) 只要国家有君，为人臣便是每个成年人的责任和义务。还有一种是朋友关系，儒家讲的朋友不是我们现今社会泛化概念上的朋友。东汉经学家郑玄郑康成为《周礼·地官·大司徒》中的“五曰联朋友”作注:“同师曰朋，同志曰友。”朋是同门的师兄弟，友是志同道合的人，这种人在社会中是寥寥无几的。儒家认为朋友是我们在走入社会之后生命中不可或缺的一类人，他们可以与我们切磋交流，也可以互相责善，于是朋友也是我们的基本人伦关系之一。

在儒家思想中，这五种伦理关系是井然有序的。他们两两相对，自成一体。父子有亲，要求父慈子孝；君臣有义，要求君敬臣忠；夫妇有别，要求夫义妇顺；长幼有序，要求兄友弟恭；朋友有信，要求以诚相待。同时，五伦轻重有别，父子一伦是首要的，而且对子孝的要求又是更加严格的，甚至说即使父不慈，子依然要孝。因为孝道不是一种简单的人与人之间的关系，而是人之为人的立身之基。对父母的孝不能用父母是否付出了慈爱来对比衡量。因此，在民间才会产生“天下无不是的父母”的观念，这种观念在不刻意歪曲和绝对化的情况下还是十分正面和积极的，因为它符合儒家所倡导的核心义理价值。《礼记 · 内则》中的一段记载清楚无疑地表达了儒家的这一观念：

> 父母有过，下气怡色，柔声以谏。谏若不入，起敬起孝，说则复谏；不说，与其得罪于乡党州闾，宁孰谏。父母怒，不说，而挞之流血，不敢疾怨，起敬起孝。

父母有过错，子女要对他们进行劝谏，但也要注意方式方法，要有柔顺的态度。当父母不听劝谏时依旧起敬起孝，待到父母开心时再次劝谏。如果父母生气了，即使将自己打得头破血流也丝毫不敢怨恨父母，依然要起敬起孝。

看过这段话有人会觉得儒家的孝有点愚，这依然是没有站在自身角度思考生命的缘故。儒家所有的思想都是从自身修身立德入手的，对待父母的态度是修身的开始，所以就不能用父母对待子女的态度作为衡量子女对待父母态度的标准，舜对待父母的态度就是儒家所坚持的最高的孝的标准。因为孝是道德的起点，所以我们不可以用比较的方式决定我们是否要孝，而是要从心出发，感受我们的生命源于父母，我们的身体是父母之体的延续，这样心中自然就会有爱，有感恩，便会体谅和理解父母的种种行为。同样，因为父子关系是天伦，无可改易，为人子女者在多次劝谏无果的情况下依然要恪尽孝道，苦苦劝谏，而不能像臣事君那样劝谏无果时可以选择放弃离开。《礼记 · 曲礼下》中明确记载：

为人臣之礼，不显谏。三谏而不听，则逃之。子之事亲也，三谏而不听，则号泣而随之。

这里突出地体现了儒家的内外有别，也体现了儒家的理性和真实。君臣关系是无法与父子关系相比和抗衡的，更不会有“君要臣死臣不得不死，父要子亡子不得不亡”的荒诞和无稽。

于是，对五伦关系的整体思考也体现了儒家的“差等”和“敌等”。这种思想对当代被片面化和美化之后的“平等”和“博爱”的思想是一种十分重要的反动和校正。同样，五伦关系也涵盖了一个人生命中的全部人际关系。群己之间的关系通过推恩的思想将此五伦关系进行扩展即可得到很好的解决。因为儒家的这种人伦关系并不是一种概念或者理论意义上的对应，而是活生生地落实在当下的，所以必须是真实无虚的，而不能是泛化的。因此，五伦关系完全可以解释一切人际关系，当代有些学者所主张的“第六伦”如果站在儒家思想的立场上来看，似有画蛇添足之嫌。

这种对人伦关系的思考其实同样也是儒家对人性的思考。朱子在为此句作注时谈到：“人之有道，言其皆有秉彝之性也。然无教则亦放逸怠惰而失之，故圣人设官而教以人伦，亦因其固有者而道之耳。”人之道是天之道的具体呈现。在天人关系中人始终需要以德配天，这个思想我们下一章会重点讨论。而依照五伦关系将这种思考落实到社会现实中的时候，就是以德治国，换言之，就是以孝治天下。

同样，我们在前边已经反复提到的推己及人、移孝作忠等思想，都是孝治天下的具体表现形式。儒家基于对人性之善、人与人和谐相处的预设和期待，设计出了如此美好的治国方略。

前面的几讲我们已经谈及“推己及人”“移孝作忠”，等等，可知随着孝道作用的外化，必然能够产生良好的社会作用，这是孝治天下的社会基础、伦理基础，因此，儒家才会设计出一个如此美好的政治方案。

但是儒家的这个政治方案，一直处在一种理想的状态下而无法完全地付诸实施。在三代以前的历史时期或许曾经短暂地绽放过光芒，所以孔子有过深深的期待和感慨。但从古至今，我们所面对的都是一个复杂多变的社会，因此“人心惟危，道心惟微”（《尚书·大禹谟》），这样的现实是无法避免的。在已经无法稽考的尧舜时期，是天下为公的。我们知道尧舜实行的是禅让制，那么禅让也就意味着他并没有把国家、社会当作一己的私有物，而是当作天下的公器，需要“有德者有其位，有德者居其位”，需要“选贤与能”，所以尧才会选择舜作为他的继承人，舜也会选择禹作为他的继承人。那个时代是一个天下为公的时代，也就是《礼记·礼运·大同》里所说的那样一个时代。可是自从“禹传子，家天下”之后，王道霸道杂出，“称力不称德，尚利不尚义”的现象就成了社会的主流。直到后来纲纪废弛、礼崩乐坏，这个社会就已经发生了巨大变化，等到了纲纪废弛，礼崩乐坏的时候，就连《礼记·礼运》里提到的小康社会的理想都无法实现，就更不要说大同世界的理想了。

4 孝治天下的历史时空

虽然大同世界这个太平盛世的理想并没有如期实现，但是儒家的“以孝治天下”的思想，在历朝历代都有不同的表现。孝治对社会稳定的重要作用，使得统治阶级不遗余力地提倡孝道。那么，孝治在中国历代的政治制度和社会治理方面有什么体现呢?

首先，我们可以看到的是，历代帝王对《孝经》都有异乎寻常的重视，历代读书人对《孝经》也有高度的重视。我们前面已经提到过，从战国到明清,《孝经》的注解者不下五百家。其中仅就君王而言，战国时期的魏文侯，东晋的晋元帝、晋孝武帝，南朝时期的梁武帝、梁简文帝，以及唐代的唐玄宗，还有清朝的三个皇帝：清世祖——顺治皇帝、清圣祖——康熙皇帝、清世宗——雍正皇帝，他们都曾经为《孝经》作过注释，来解释它的义理，而且《孝经》也成了历代帝王以孝治天下的重要的理论指导。孝道和孝行从此就成了一个社会衡量人品和道德的尺度与标杆，这是《孝经》受到高度重视的重要原因。

其次，运用国家的手段大力提倡孝行。汉代开始有一种制度叫作“举孝廉”，通过对孝子廉吏的选拔，孝子可以通过自己的孝行直接进入朝廷，由普通之身一跃而成为公卿，甚至可以位极人臣，成为国家的柱石栋梁。所以过去有一首很有名的诗:“朝为田舍郎，暮登天子堂。将相本无种，男儿当自强。”这当然是儒者非常理想化的一种追求——早晨还是一个在田里种田的普通农夫，晚上就登上了天子的朝堂，成为国家的重臣。但是这种现象在历史上是屡有出现的。

我们知道汉代有一位著名的“布衣宰相”公孙弘，他就是因为自己对儒家思想的深刻领会和把握，在义理方面大有成就，所以得到了汉武帝的赏识，下诏征辟他来朝廷，直接让他担任了宰相，位列三公，可以说他是儒者中身份变化最快的一位。

后来因为“天人三策”受到汉武帝赏识的董仲舒，尽管由于种种原因并没有在朝廷中任职，但是在董仲舒辞官隐居后，遇有国家大事，汉武帝依然会派遣廷尉张汤去向他求教。在董仲舒的指导下，汉代完成了“引经注律”与“春秋决狱”的法律儒家化过程，为后世两千年的中华法系奠定了坚实的思想和理论基础。

公孙弘和董仲舒这两位布衣之臣之所以能实现这种儒家所追求的人生价值，和他们对儒家精神的高度认同以及不懈的追求是分不开的。

其后的朝代，对孝行都大加褒扬，为孝子孝妇树碑立传，对不孝的行为则严加惩处，列为“十恶不赦”的重罪。在这种国家权力的强势引导下，孝道既在社会上起了重要的作用，同时，又不可避免地被引向“愚孝”的极端。这一点我们下一讲会谈到。

再次，历代儒者基于对儒家思想的坚守与自信，在与皇权博弈的过程中，严格按照儒家的信仰和追求，“为天地立心，为生民立命，为往圣继绝学，为万世开太平”（张载《西铭》）。以真儒的风范，奉行孝治天下的理想，并以此来节制皇权的过度膨胀，维护道德良知，传承儒家命脉。

在孝治天下的过程中，历代都有秉持儒家担当的有风骨的大臣，举其大端，我们可以看到：

西汉的司马迁，因仗义执言为李陵辩护而遭祸，身受腐刑忍辱负重，依然坚持完成了皇皇巨著《史记》，既完成了父亲对他的期待，也实现了他“究天人之际，通古今之变，成一家之言”的理想。

东汉的班超，“为人有大志，不修细节，然内孝谨，居家常执勤苦，不耻劳辱。有口辩，而涉猎书传”(《后汉书·班超传》)。后投笔从戎，扬声边陲，以“不入虎穴焉得虎子”的精神平定西域。依靠军功被万里封侯十分不易的古代，被封为定远侯。

唐代的韩愈，为民请命而遭贬，重返朝廷后依然如故，面对宪宗佞佛，以“欲为圣明除弊事，肯将衰朽惜残年”的心态写下《谏迎佛骨表》，“一封朝奏九重天，夕贬潮州路八千”。虽历尽宦海沉浮，依旧坚守儒家道统，倡导文以载道的“古文运动”，他所开创的古文运动，对后世的儒者甚至后世儒家思想的传承都有着非常重要的影响。同时韩愈对自己也有着高度的自信，他认为“八百年必有王者兴”，从孟子之后，儒家的道统已经断绝了，他自觉地要担当维系和传承儒家道统的重任。

北宋的范仲淹，既有“先天下之忧而忧，后天下之乐而乐”的境界和情怀，更有“不以物喜，不以己悲”的超然，这句话可以说是一个儒者最高的境界和追求——不因为外物的好坏和自己内心的得失而让自己感到高兴和悲伤,《中庸》有言:“喜怒哀乐……发而皆中节谓之和。”这种心境完全合乎于儒家的中庸之道。通过这一句话，我们可以感觉到范仲淹光风霁月的胸怀，他的内心是充满了光明的，所以他才能够在文治武功方面都有建树。当时的宋朝处于积贫积弱的时期，冗官冗员的现象非常严重。在中国历史上，可以说宋朝是战斗力最弱的一个朝代，在和西北的西夏、北方的契丹、东北的女真作战时屡战屡败。但是在范仲淹的手中，宋朝的军队却变成了一支猛虎之师，西夏人因为敬畏而尊称范仲淹为“小范老子”。当时流传一句话叫作“小范老子胸中自有十万甲兵”，由此可以看到范仲淹在当时的影响力。

南宋的岳飞，精忠报国，“待从头，收拾旧山河”，但为了维护风雨飘摇中的南宋小朝廷，让在战场上用命的将士以朝廷之命为重，树立并捍卫南宋王朝以及宋高宗的权威，同时也是为了捍卫民族的尊严，明知必死也义无反顾地返回首都，被构陷并慷慨就义。在民族危亡之关头不惜用自己的生命去践行忠君爱国的大孝。

南宋的辛弃疾，生于金人占领的北方，却心向南宋朝廷，率领十万义军抗击金兵，希望可以得到南宋朝廷的支持共御外侮，但被朝廷所忌，大好年华却解甲归田，无奈中只能“醉里挑灯看剑，梦回吹角连营”，期盼“了却君王天下事，赢得生前身后名”。虽然蹉跎一生，却名垂青史。

南宋的文天祥，面对蒙元铁骑，屡败屡战，被俘后关押在大都三年，历尽“阴房阒鬼火，春院闷天黑”的艰难困苦却甘之如饴，以“孔曰成仁，孟曰取义，惟其义尽，所以仁至。读圣贤书，所学何事，而今而后，庶几无愧”的心态，欣然面对死亡。虽然未能挽狂澜于既倒，却以“化作啼鹃带血归”，“留取丹心照汗青”的一片赤诚书写了可歌可泣的壮烈人生。

明代的杨涟、左光斗、周顺昌等东林党人与权倾一时的以魏忠贤为首的阉党不懈斗争，以“家事国事天下事，事事关心”的精神作为自己的人生指引，在明代混浊的政治生态中保存了一股清流。

明末的顾炎武，以“须有益于天下”“经世致用”的思想，在亡国灭种的大义关头坚守着“天下兴亡，匹夫有责”的道义担当。

清代的曾国藩，虽功高盖世，但谦恭自守，以儒立身，巧妙应对当下纷繁的时局，为国为民，力主洋务。一部《家书》道出了多少人生的哲理与智慧。

……

从这些志士仁人的所作所为中，我们看到的是“立身行道，扬名于后世”的大孝之行。虽然在后世儒者积极用世的过程中，也出现了不少“伪君子”“假道学”，但儒家思想绝非是他们蜕化变质的诱因。相反，正是因为没有真正融会贯通儒家的真精神，没有以仁为己任的担当，再加上私欲的障蔽，功利主义的盛行，才造成了“假”与“伪”。这是后世历朝历代都难以避免的严重问题，但“吹尽狂沙始到金”，真正的儒者正如曾子所言：

> 可以托六尺之孤，可以寄百里之命，临大节而不可夺也。君子人与？君子人也。
>
> 《论语·泰伯第八》

> 临财毋苟得，临难毋苟免。
>
> 《礼记·曲礼上》

这才是儒者的风范，更是中华民族人文精神屹立不倒的根本所在。

第十一章 以孝配天

1 一切美德皆为孝德

“夫孝，德之本也”，在儒家的核心价值中，孝是德行的本源，一切美德都是孝的不同表现。孝道在心，德行在表。在孝道离失、德行淡化的当今社会，要真正实现中华民族的伟大复兴，就必须要保持我们中华民族尊崇孝道、力行孝道的传统，以营造中华民族无数英灵得以安身立命的精神家园和培育中华民族文化传统所植根的土壤为己任，心中时时存孝道，为人处处有德行。

上一讲我们讲到了明王以孝治天下，明王也就是圣王，在这一点上，曾子引出了一个重要的问题：圣人的德行中有没有比孝行更重要的？

曾子曰：“敢问圣人之德，无以加于孝乎？”子曰：“天地之性，人为贵。人之行，莫大于孝。孝莫大于严父，严父莫大于配天，则周公其人也。昔者，周公郊祀后稷以配天；宗祀文王于明堂，以配上帝。是以四海之内，各以其职来祭。夫圣人之德，又何以加于孝乎？故亲生之膝下，以养父母日严。圣人因严以教敬，因亲以教爱。圣人之教，不肃而成，其政不严而治，其所因者本也。父子之道，天性也，君臣之义也。父母生之，续莫大焉。君亲临之，厚莫重焉。故不爱其亲而爱他人者，谓之悖德；不敬其亲而敬他人者，谓之悖礼。以顺则逆，民无则焉。不在于善，而皆在于凶德，虽得之，君子不贵也。君子则不然，言思可道，行思可乐，德义可尊，作事可法，容止可观，进退可度，以临其民。是以其民畏而爱之。则而象之，故能成其德教，而行其政令。《诗》云，‘淑人君子，其仪不忒。’”

《孝经·圣治章第九》

面对曾子的发问，孔子在这里区分了德与孝之间的关系，并且明确提出天、地、人之间是一种生生不息的长养关系——“天地之性，人为贵。人之行，莫大于孝。孝莫大于严父，严父莫大于配天”。

人之所以有别于禽兽，是因为人有对道德的持守和追求，甚至达到极致境界时可以与天地同参相合。

夫大人者，与天地合其德，与日月合其明，与四时合其序，与鬼神合其吉凶。先天而天弗违，后天而奉天时。

《易传·文言》

这里的大人就是圣人，唯有圣人之德才可以与天地相合，并与日月、四时、鬼神相合。如果达到这种天人关系上的默契，人的行为就可以合于天道，不会逆天而行。先天而行时天从人愿，后天而作时顺应天时。

同样，达到这样的境界，圣人的所为就可以与天地的生生不息之道相互感应，从而实现天地位、万物育的整体和谐。所以曾子说：

大哉圣人之道！洋洋乎发育万物，峻极于天。

《中庸》

因此，“天地之性，人为贵”。人必须以自己的德行与天地相合相配才能成其贵。这种德行在《易传·说卦》中表述为“仁义”，“立人之道，曰仁与义”。但在《孝经》中就表述为“孝”，仁与义的根本就是孝，因此《孝经》说“人之行，莫大于孝”。孝的核心在于对父母的敬爱，因此说“孝莫大于严父”。敬爱之心能够与天地相合相配，方能够彰显其大，故称“严父莫大于配天”，又回到了天地人同参的立德之始。如此周流往复，生生不息，这就是儒家思想的重要特色，同时，也是孝道在社会治理与神圣超越方面的重要表现形式。

如果说《孝经·孝治章》是谈明王以孝治天下的方略，那么这里的“圣治”就是“孝治”的思想基础，孔子在这里明确区分了“德”与“孝”的关系，并再度明确了天、地、人之间生生不息的关系。

儒家思想强调浑圆而融通、和谐而严整，我们在《孝经·圣治章》中清楚无误地看到了这一点。那么建立了这样一个完美而重要的思想体系的人是谁呢？“周公其人也。”

周公，姓姬，名旦，也被称为叔旦，周文王（西伯侯姬昌，武王建立周朝后追尊为周文王）的第四子，周武王的同母弟。因采邑（封地）在周，称为周公。武王死后，其子成王年幼，周公摄政当国。平定“三监”叛乱，大行封建；营建成周洛邑，作为东都；制礼作乐，建立典章制度；还政成王，功成身退。

周公的文治武功不仅表现在他平定了当时的三监之乱，还在于他的深谋远虑，营建了东都洛邑。洛邑在现在的河南洛阳地区。当时西周的首都是镐京，在西北地区，陕西西安附近。出于战略需要的考虑，周公认为在东边也要有一个政治中心为辅佑，与首都镐京遥相呼应，为周朝营造一个稳固的退守之地，于是就有了后来平王东迁的战略要地——洛邑。平王东迁以后，洛邑就成为了东周的首都，有效地保障了王朝的统一和稳定。由此可以看到周公的雄才伟略。

周公对后世的巨大贡献和深远影响，更在于他推行的礼乐教化和在王权更迭时对“嫡长子继承制”的维护。这二者的落实不仅奠定了周王朝八百年的稳固基业，也建构了后世相沿两千年的政治格局和执政理念。

但是，正如白居易在《放言》中所写：“周公恐惧流言日，王莽谦恭未篡时。向使当初身便死，一生真伪复谁知？”在周公摄政初期，包括他的兄弟都有人怀疑他，认为他会危害成王，要把王权控制在自己的手中。因为在西周初年，仍然有很多人的思想中残留着原来殷商时期的“兄终弟及”的继承制观念，在王室中，哥哥去世以后，由弟弟来继承王位。但是从周公开始，就改变了这样的制度，由兄终弟及改成了嫡长子继承，而且区分了大宗和小宗，大宗就是嫡长子这一系，由此确立了“立嫡以长不以贤，立子以贵不以长”的嫡长子继承制。这一制度是周公“制礼作乐”的重要方面，并直接影响到了后世中国两千多年的社会政治格局。这一制度表面看来似乎多有不公，但在这种不公平中，体现的却是儒家对家庭关系最为深刻而合理的思考。嫡长子继承便让其他所有兄弟都不再奢望通过努力或计谋可以夺取父母留下的权力和财富。如果这一制度得到真正的落实，就会避免由于王权的纷争所带来的子弑其父、手足相残的人伦惨剧，产生“定纷止争”的良好效果。同时，对拥有继承权的嫡长子来说，他从小就要受到最严格而且良好的道德教育，学会孝敬父母，友爱兄弟，一旦他继承了父亲的一切，他首先要做的是用分封的方法与自己的兄弟共享这一切，而不是全部占为己有。这样的规范无形中也培养了“君友弟恭”“兄良弟悌”的美德。如此，儒家所追求的以五伦关系为核心和根本的“家国同构”的思想观念以及由此产生的宗法制度就有了一个非常明显的落脚点，这是中国社会政治制度的一大转变、一大创举。

在儒家思想体系建立的过程中，周公的作用是非常重要的，其言论见于《尚书》诸篇。所以自孔子以来，儒家学派一直都把周公尊奉为儒学的奠基人，而且称他为“元圣”，即圣者之首，他是孔子最为推崇的一位古代的圣人。《论语》中记载了孔子非常感慨地说道：“甚矣，吾衰也！久矣，吾不复梦见周公。”我的身体已经不行了，为什么？因为之前我经常梦到周公，能够以他为榜样激励自己，现在我已经很久没有梦到周公了，所以说我的身体已经不行了。

西汉的贾谊在其《新书·礼容下》中也十分推崇周公，他说：“文王有大德而功未就，武王有大功而治未成，周公集大德大功大治于一身。孔子之前，黄帝之后，于中国有大关系者，周公一人而已。”

2 孝之根本与超越

周公制礼作乐是儒家思想发展过程中具有划时代意义的重要举措，他制定的礼乐制度的一个重要方面，就是强调“严父以配天”：

> 周公郊祀后稷以配天；宗祀文王于明堂，以配上帝。是以四海之内，各以其职来祭。

这是儒家文化中十分重要的礼——祭礼。后稷是帝喾的嫡长子，姜嫄所生。姜嫄是帝喾的元妃（正妻）。《诗经·大雅·生民》记载：“厥初生民，时惟姜嫄。”后稷在尧舜时期掌管农业，是周人的始祖。所以周公在圜丘郊祀上天时以始祖后稷配祀，这是表示后稷的德行可以配天，是对后稷的高度尊崇。明堂是古代帝王宣明政教的地方，凡朝会、祭祀、庆赏、选士、养老、教学等大典，都在此举行。周公在这个地方祭祀上帝的时候，以他的父亲文王作为配祀，这种做法表现了他对父亲的高度尊重。在儒家的典籍里认为，东南西北中，五个方位各由一个上帝掌管着，东方的是青帝叫灵威仰，南方的是赤帝叫赤熛怒，西方的白帝叫白招拒，北方的黑帝叫汁（shè）光纪，也叫叶光纪，中央的黄帝，他的名字叫含枢纽。这五帝代表了儒家对超越神圣的思考。在祭祀时以文王配祀上帝是中礼的表现。配祀天与上帝是对祖先和父亲功业的高度赞美和推崇，这样做的目的就是要充分地尊祖严父，并且要用尊祖严父来配天，这就是儒家思想的基本理路。以此心态来管理国家，便会时刻记得立身行道，光宗耀祖，并以此行为来团结分封到各个地方的诸侯，要求诸侯都以其职贡来助祭，既可以实现尊祖敬天的共同目标——因为这些诸侯也都是周王室的子弟及其功勋卓著的重臣，同时也能够实现君臣之间上下和睦的良性互动。

这一礼法要求后世一直都在延续。《后汉书·显宗孝明帝纪》记载：“今令月吉日，宗祀光武皇帝于明堂，以配五帝。”这里的上帝就明确为五帝。

以自己的始祖和父亲配享天和上帝，是孝的重要表现方式，这在当代人看来有些不可思议，但如果我们明了天人关系的话，就不会对此有太多误会和不解了，这一点我们下一讲再谈。

以此我们依然可以看到孝的根本性和超越性，有了孝心就有了一切，无孝心即无德行。即使圣人的德行中，孝也是毋庸置疑地排在首位，无可超越。孝之所以成为众德之本，是因为它是先天所赋与后天所习的完美结合，是出于天性人情的极致，这是儒家之所以如此重视孝的根本原因。

故亲生之膝下，以养父母日严。圣人因严以教敬，因亲以教爱。圣人之教，不肃而成，其政不严而治，其所因者本也。父子之道，天性也，君臣之义也。父母生之，续莫大焉。君亲临之，厚莫重焉。

出于天赋之性，即使高不及膝的孩童也会对父母有天然的爱敬；待其日渐成长，受到后天的教育熏习，对父母的爱敬之心与日俱增，不断培固。在奉养父母的时候，这种感情不断地强化，对父母的敬爱之心不断地在提升，也就是“养父母日严”。这是一个人养成善性、培固道德的始基，也是其推恩的原动力。《二十四孝·陆绩怀橘》所体现的，正是这种对父母发自内心的爱。

后汉陆绩，字公纪。年六岁，于九江见袁术。术出橘待之，绩怀橘二枚。及归拜辞，橘堕地。术曰:“陆郎作宾客而怀橘乎?”绩跪答曰:“吾母性之所爱，欲归以遗母。”术大奇之。

孝悌皆天性，人间六岁儿。袖中怀绿橘，遗母报乳哺。

陆绩是三国时期吴国人。6岁时，他随父亲陆康到九江谒见袁术，袁术拿出橘子招待他们，陆绩往怀里藏了两个橘子。临行时，橘子滚到了地上，袁术逗弄取笑他说："陆郎来我家做客，走的时候还要怀藏主人的橘子吗？"陆绩说："母亲喜欢吃橘子，我想拿回去送给母亲尝尝。"袁术见他小小年纪就懂得孝顺母亲，十分惊奇。陆绩成年后，博学多识，通晓天文、历算，曾作《浑天图》，注《易经》，撰写《太玄经注》，成就颇大。

圣人教化正是依从子女尊崇父母的天性，引导他们敬父母；依从子女亲近父母的天性，教导他们爱父母。圣人教化人民，不需要采用严厉的办法就能把百姓管理得很好，这正是由于他能根据人的本性，以孝道去引导人民。父子之间的关系体现了人类天生的本性，同时也体现了君臣关系的义理基础。父母生下儿子，使儿子得以上继祖宗，下续子孙，这就是父母对子女的最大恩情。父亲对儿子，兼具君和父的双重身份，既有为父的慈爱，又有为君的尊严，父子关系的深沉与厚重，是其他任何关系都不能够逾越的。儒家的教育就是基于敬父母而敬他人，基于爱父母而爱他人，这既是由此及彼的外化，更是由外而内的升华，我们前面就已经讲过，敬爱他人也是孝亲的表现。因此，以此本性出发，本于父子之道，以明君臣之义，进而培固对父母和国君的感恩和亲近之心，以期成就至善的德行。

故不爱其亲而爱他人者，谓之悖德；不敬其亲而敬他人者，谓之悖礼。以顺则逆，民无则焉。不在于善，而皆在于凶德，虽得之，君子不贵也。

因此爱他人的前提是爱自己的父母，敬他人的前提是敬自己的父母。儒家思想所追求的就是由爱其亲而推及爱他人，由敬其亲而推及敬他人。有违于此，不爱自己的父母而爱他人，不敬自己的父母而敬他人，就是悖德悖礼的行为，就是所谓“凶德”，这样的做法，即使其目的和行为于国于民都有好处，依然是儒家所反对的，因为它违背了天理，悖逆了人伦。所以“不在于善，而皆在于凶德，虽得之，君子不贵也。”从社会治理的角度而言，这种行为出现了“欲顺反逆”的社会效果——本来是希望一件事按照正常的秩序良性发展，可实际上却出现了相反的行为和结果。这一点下面会谈到。

《论语》里，孔子说过这样一句话：“非其鬼而祭之，谄也。”在古人的心目中，鬼指的是过世的父母以及祖先亲人。因为殷人尚鬼，殷商时期的人一方面是祭神，另外一方面就是祭鬼。孔子的意思是，如果你祭祀的时候，祭祀的不是自己的祖先、亲人、父母，即使你做的是一件于国家、于他人有益的好事，即使祭祀达到了良好的社会效果，也得到了他人的高度赞美，但是这是一种谄媚的行为，不是君子之道。所以孔子斩钉截铁地批评这种行为，因为这种行为和“不爱其亲而爱他人”，“不敬其亲而敬他人”同属于“悖德”“悖礼”的行为。通过这一点，我们仍然可以看到儒家“爱有差等”的思想。这也是儒家之所以区别于战国时期的墨家、法家，以及后世的佛教、基督教、天主教的一个重要方面。

3 儒家“圣治”即“孝治”

在当代社会中，我们经常可以看到一种人：

与人交往时和蔼可亲，彬彬有礼，急他人之所急，想他人之所想，具有很好的修养和爱心，甚至在面对危险时也会挺身而出。如果我们仅仅考察到此的话，对这样的人一定会充满敬意，甚至无条件地信赖。但当我们无意中走入他的家庭世界中才会发现，他在面对家庭时完全是另外一个模样。在父母面前放纵恣睢，言语无状，甚至丝毫不顾父母的内心感受而任性索取。这时我们才发现他人格的分裂和性格的扭曲。在外人面前的种种表现都只是为了赢得他人的赞誉，从而为自己谋取更大的利益。在儒家看来，这样的行为不是善的表现，是违背了诚信友善的基本德行的行为,《孝经》中称之为“凶德”——似德而非德而且会害德的行为。这种行为非但不能成为大家效法的对象，反而严重地影响和败坏了良好的社会风气。对这类人我们要有高度的警惕，一旦发现，就要对他进行有效的教育规诫，否则就会出现“欲顺反逆”的社会问题。

更有甚者，在对待父母亲人的时候冷若冰霜，毫无孝心；而对待顶头上司或者地位更高的当权者时却卑躬屈膝，奴颜媚骨。这类人较之于“在于凶德”之人，人格人品就更加等而下之了。

那么一个真正的君子应该做到什么？

君子则不然，言思可道，行思可乐，德义可尊，作事可法，容止可观，进退可度，以临其民。是以其民畏而爱之，则而象之。故能成其德教，而行其政令。

在这里，《孝经》为我们树立了一个标准的儒者形象，一个严格按照儒家精神处世的道德楷模。在上位者如果是这样的形象，那么百姓就会由敬畏而生敬仰，由敬仰而生效仿，那么君子之德，就在这种潜移默化的风化中培固并推广开了。

通过上面的描述，我们可以看到儒家思想所坚守的道德标准，是以孝为基础才得以实现的。那么实现的是什么？"言思可道"，所说的话是可以被别人所效法的；"行思可乐"，他的所作所为可以给人们带来快乐；"德义可尊"，他的德行、道义可以被别人所尊崇；"作事可法"，他所做的事别人可以效法；"容止可观"，他的一言一行、进退语默，都是值得人们称道的；"进退可度"，他的一举一动、行为举止，都是可以被人们所领会的；"以临其民"，用这样的方式来管理国家、管理人民，就达到了圣治的标准。这里的"圣治"，其实也就是"孝治"。

儒家所强调的孝治，在"德不配位""德位相离"的时代要实现其经邦治国的理念时，不得不与历代的皇权相结合，这样就很容易被皇权利用，成为宣扬"愚忠愚孝"的工具。因此，必须要有可行的理念来节制皇权。在《论语》《孟子》中，我们已经看到了很多这样的表述，孝治对权力是有所节制的。孔子强调"君事臣以礼，臣事君以忠。"《孟子》里也说："保民而王，莫之能御也。""以力服人者，非心服也，力不赡也；以德服人者，中心悦而诚服也。"国君必须要有德行，在下位者的百姓才会心悦诚服地尊崇他。儒家思想从孔孟立教之初就一直都在强调对权力的节制。

汉代大儒董仲舒清醒地看到这一点，于是在其《春秋繁露·玉杯》中提出了“天人感应”的思想，这一思想的核心意义在于：

故屈民而伸君，屈君而伸天，春秋之大义也。

《春秋》所追求的大义是什么？就是“屈民而伸君”，同时也在追求“屈君而伸天”，也就是在一定程度上限制百姓的行为，然后尊崇国君，同时限制国君而尊崇上天。这是董仲舒对于孔、孟节制权力思想的一个发展。当然，孝治理念在和皇权相互博弈的过程中，会有委曲从事的时候。但是如果通过“以孝配天”的天人关系思想，就可以在皇权之上再加上一重更高的节制，加上一重敬畏，从而实现对当下皇权的有效节制。这是董仲舒提出“天人感应”思想的一个主要的原因，也是不得已而为之的一种办法。

然而，在后世儒家思想和具体政权相博弈的过程中，却一度产生了所谓“君要臣死，臣不得不死。父要子亡，子不得不亡”的“愚忠愚孝”思想。

因为“君子之事亲孝，故忠可移于君”，所以，为了维护自己的绝对权威，许多帝王都对孝有着高度的重视，当然这也和儒家节制皇权的努力分不开。但是从实用的角度而言，强调“愚孝”可以达到“愚忠”的目的，所以历代帝王乐此不疲。于是就有了对孝的曲解。

《孔子家语》记载了这样一个故事：

> 曾子耘瓜，误斩其根。曾皙怒，建大杖以击其背。曾子仆地而不知人，久之。有顷，乃苏，欣然而起，进于曾皙曰："向也，参得罪于大人，大人用力教参，得无疾乎？"退而就房，援琴而歌，欲令曾皙而闻之，知其体康也。孔子闻而怒，告门弟子曰："参来，勿内（同纳）。"曾参自以为无罪，使人请于孔子。子曰："汝不闻乎？昔瞽叟有子曰舜。舜之事瞽叟，欲使之，未尝不在侧。索而杀之，未尝可得。小棰则待过，大杖则逃走。故瞽叟不犯不父之罪，而舜不失烝烝之孝。今参事父，委身以待暴怒，殪而不避。既生死而陷父于不义，其不孝孰大焉？汝非天子之民也？杀天子之民，其罪奚若？"曾参闻之，曰："参罪大矣。"遂造孔子而谢过。

在《韩诗外传》中，也有关于这个故事的类似表述。

曾子在瓜田里除草的时候，不小心锄断了瓜的根。于是他的父亲曾皙就发怒了，用很粗重的大棒击打他的后背，曾子被打倒在地，昏迷不醒。过了很久他醒来了，心中毫无怨愤，高高兴兴地起身来到父亲身边说："刚才我做得不好得罪了您，您用大力气来教导我，没有伤着您吧？"然后他回到自己房里，又"援琴而歌"，一边弹琴，一边唱歌，目的就是要让他的父亲听到琴声和歌声，以此告诉父亲他的身体没任何不适。可以弹琴，手足无碍；可以唱歌，脏腑无伤。这种做法看似孝行，但是孔子听说了以后却大怒，告诉他的弟子们，如果曾参来了的话，不让他进门！曾子认为自己没有什么罪过，于是让同学请教老师。孔子便用舜的故事来教导他，说舜侍奉瞽叟的时候，“欲使之，未尝不在侧”，他的父亲让他做事的时候，他没有一次不在身边的，但是“索而杀之，未尝可得”，他的父亲想杀他的时候，却从来都没有成功。“小棰则待过，大杖则逃走”，舜对待父亲的态度就是，如果父亲用一个细小的棍棒来打他，或者说责罚得不是很重的时候，他就会甘心领受这样的责罚。但是如果父亲拿着大棒子来打他或者说要杀他的时候，他就一定要逃走，因此瞽叟“不犯不父之罪”。因为舜的这种做法，他的父亲没有犯下“不父”的罪过（“不父”是说不遵守做父亲的道德准则），而舜也因为他的大孝而感动了上天，感动了世人。现在你的态度是什么？“委身以待暴怒，殪而不避”，在你父亲暴怒的时候，你竟然顺从他，让他打你，而且他把你打到这样的程度你都不避开，“既身死而陷父于不义”，你这样做的结果就有可能陷你的父亲于不义，“其不孝孰大焉”，还有比这个更不孝的行为吗？如果你的父亲把你打死了怎么办？他打死你，你就会使你的父亲陷于不义之地。“汝非天子之民也？杀天子之民，其罪奚若？”还有什么比这个罪更严重呢？孔子这样一说，曾子终于明白了自己错在何处，他说：“参罪大矣！”我犯的过错太大了，于是即刻来到孔子面前当面向老师谢过。为何他要向老师谢过呢？是因为自己的鲁钝，受老师之教却未能明了真正的孝道，有辱师门，所以他要向老师谢过。

这个故事是真实的还是王肃（《孔子家语》的作者）伪造的，或是后来的汉儒所假托的，我们不得而知。在这个故事中，曾子与其父曾皙的表现都很奇葩。曾皙打昏了儿子非但没有及时去救治，反而等着儿子多久后苏醒；曾子在清醒后非但没有想过如何劝谏父亲改过，反而去刻意讨父亲欢心，这些做法显然都违背了儒家思想的真精神。而曾子所表现出来的正是愚孝，这是孔子也是儒家思想所坚决警惕和否定的，但也正是后世的帝王大力弘扬和提倡的。所以后世才有了对移孝作忠的歪曲和误导，才会将儒家高远的道德追求降等为世俗的功利计较。

应该是基于这样的认知，尽管后人对曾子的孝行多有赞美和褒扬，甚至在《二十四孝》中称之为孝子的楷模，但曾子终其一生也不敢以孝亲自诩。在《礼记·祭义》中记载：

> 公明仪问于曾子曰："夫子可以为孝乎？"曾子曰："是何言与？是何言与！君子之所为孝者，先意承志，谕父母于道。参直养者也，安能为孝乎？"

面对学生公明仪的称许，曾子直言重言："是何言与？是何言与！"可以看到他对孝的高度尊重，也可见他的谨慎戒惧。他直承自己仅仅做到了养父母，未曾达到孝。这个态度并非只是在自谦，而是曾子真正明白儒家孝和养的微妙关系。所以他给自己做了十分清晰的定位，这个定位也是孟子的看法：

> 孟子曰："曾子养曾皙，必有酒肉。将彻，必请所与；问有余，必曰有。曾皙死，曾元养曾子，必有酒肉。将彻，不请所与；问有余，曰亡矣。——将以复进也。此所谓养口体

者也。若曾子，则可谓养志也。事亲若曾子者，可也。”

《孟子·离娄上》

曾子之养，在于养志，其事亲之行与大孝相去不远。虽然曾子之孝有愚的成分，但没有偏离儒家思想的本源，所以孟子对他的评价还是十分中肯而且准确的。但随着儒家思想的逐步被异化，后人对孝和忠的理解逐渐偏离了儒家思想的正轨。

随着这种偏离的产生，儒家的孝被看作愚孝，并由此自然产生了愚忠，这种错误的理解和认知误导了世人两千年，到近现代甚至变成所谓的常识。直到现在，虽然儒家的思想已被边缘化，但是这种愚忠愚孝的思想还或明或暗地在许多人的头脑中出现，尤其是个别素质低下的官员，在他们的身上这种思想表现得更为明显。

我们常说“大浪淘沙，泥沙俱下”，两千年来，儒家思想承负了太多本不应该由它来承负的东西，现在确实到了需要我们正本清源的时候了。

第十二章 天人之道

1 何谓儒家之道

儒家究竟是不是宗教？这一问题在当下争论得很是激烈，之所以会产生这样的争论，就是因为儒家的精神完全落实在伦常日用之中，与当下的生活密切相关，而非脱离世俗的纯粹精神追求。这是儒家思想有别于其他各家的地方。

但同时，儒家思想也有对生命的终极思考，所以在一定意义上也带有宗教的成分。仅就一个“道”字而言，就是儒释道三家反复阐释而且赋予其最高精神价值的一个理念。

老子《道德经》开篇就是“道可道，非常道”，把“道”作为道家思想的基础。

佛门也有所谓的苦、集、灭、道四谛，在这四谛之中，道也是其中之一，佛门对道也有深入的思考。

同样，儒家也将自己所追求的最高精神准则称为道。

在《易传·说卦》里有这样一句话：

> 昔者圣人之作易也，将以顺性命之理。是以立天之道，曰阴与阳；立地之道，曰柔与刚；立人之道，曰仁与义。

在儒家看来，天、地、人这“三才”，可以互相感应、互相沟通。人所追求的道，就是天地之道的自然呈现。

请看下面这段文字：

> 子曰：“昔者，明王事父孝，故事天明；事母孝，故事地察；长幼顺，故上下治。天地明察，神明彰矣。故虽天子，必有尊也，言有父也；必有先也，言有兄也。宗庙致敬，不忘亲也。修身慎行，恐辱先也。宗庙致敬，鬼神著矣。孝悌之至，通于神明，光于四海，无所不通。《诗》云，‘自西自东，自南自北，无思不服。’”
>
> 《孝经·感应章第十六》

探究天人关系一直以来都是儒家思想的重要方面：

《尚书·泰誓》中就有：“惟天地，万物父母。惟人，万物之灵。”“天矜于民，民之所欲，天必从之。”“天视自我民视，天听自我民听。”既体现了儒家的民本思想，同时也清晰地表达了儒家的天人关系。

> 天生烝民，有物有则。民之秉彝，好是懿德。天监有周，昭假（gé）于下。
>
> 《诗经·大雅·烝民》

上天生养了大众百姓，天地万物都有自己不变的法则。万民所要秉持的常理常道，就是珍惜和保持自己得之于天的美德。上天监察和护佑我们周室天下，我们周人诚心诚意地向神明祷告，希望神明体察我们的诚敬之心。

在《诗经》中我们可以看到大量这种人神相感和沟通的文字。就连商人始祖契（xiè）和周人始祖后稷的诞生也与神有着千丝万缕的联系。“三颂”中的赞美诗全部都与神明相关，所表达的是对神明虔心的信仰和礼敬。

这种思想在当下社会让人有些难以接受，因为我们的常识教育中，天是没有意志的客观存在，世界是唯物的。但如果深入思考天地运行的自然法则，深入了解季候与天象之关系，我们便会比较容易理解。

在《荀子·礼论》中也有关于礼之根本的阐述：

> 礼有三本：天地者，生之本也；先祖者，类之本也；君师者，治之本也。无天地，恶生？无先祖，恶出？无君师，恶治？三者偏亡，焉无安人。故礼，上事天，下事地，尊先

祖，而隆君师。是礼之三本也。

这一思想在《礼记·礼运》中也有阐述：

夫礼，必本于天，殽于地，列于鬼神。

前人时时敬奉“天地亲君师”的做法即源自这“三本”的思想。在礼的“三本”中，天地为万物之本，同样也是人之本。人是天地所化育的万物中具有智慧和善性的生命，是万物之灵长，但如果人失却了仁心仁德，就无异于禽兽了。所以人之根本追求就是“以德配天”，成就圣人之德。这里的天地是具有意志和生命的。

这种思想在宋代大儒张载张横渠的《西铭》中表达得尤为准确和清晰：

乾称父，坤称母。予兹藐焉，乃混然中处。故天地之塞，吾其体；天地之帅，吾其性。民吾同胞，物吾与也。

天地创生人类，“故人者，其天地之德、阴阳之交、鬼神之会、五行之秀气也”（《礼记·礼运第九》）。人以其渺然之身得天地之精华，立于天地之间，因此就要以自己的德行与天地相合相配，用我们的血肉之躯所形成的浩然正气充盈天地，用我们秉受于天的本性之德教化万民、统帅万物，因为万民与我皆有血脉之亲，犹如我的同胞兄弟姐妹，万物与我皆有生养之德，相互依存、休戚与共。

这种对天地的笃信无疑和对自我道德的高度自省，就是儒家文化所蕴含的人类生生不息的精神资源，再加之对祖先（儒家意义上的“鬼”）的崇拜和敬奉，对家庭和人伦的高度重视，共同构建了中华民族的历史文化时空。这里没有现代意义上的宗教性信仰，没有对人性和人格的否定和压制，更多的是通过自身的高度觉知而自发自愿地以自信力去实现自我道德的成就。

人为天地所生，自然要礼敬上天，而这种礼敬之心也同样是和孝心密不可分的。“昔者明王事父孝，故事天明；事母孝，故事地察；长幼顺，故上下治。天地明察，神明彰矣。”以天地与父母相应相配，既反映了儒家的人文理念，同样也更加彰显了父母在子女心中的地位以及天地在人心中的地位。上天作为造物的存在也就会“照临下土”（《诗经·小雅·小明》）。对人类的爱敬之心，上天会给予无私的回报，才会有“民之所欲，天必从之”（《尚书·泰誓上》）。而如果“获罪于天”，那么就“无所祷也”（《论语·八佾第三》）。所以，人必须“钦崇天道，永保天命”（《尚书·仲虺之诰》）。

如何永保天命，在《孝经·圣治章第九》中表明：

> 天地之性，人为贵。人之行，莫大于孝。

还有我们刚刚引过的《易传·说卦》中“立天之道，曰阴与阳；立地之道，曰柔与刚；立人之道，曰仁与义。”

儒家对“三才之道”的思考又通过阴阳八卦的具象化表达体

现出来：

> 兼三材（同“才”）而两之，故易六画而成卦。
>
> 《易传·说卦》

> 有天道焉，有人道焉，有地道焉，兼三材而两之。故六六者非它也，三材之道也。
>
> 《易传·系辞下》

“一阴一阳之谓道。”三才中的天地即是阴阳，阴阳相生相长才化育了人，人以其至德至善参与天地，三才合德而两之便成“六爻”，“六爻”阴阳相配便成八卦。八卦的卦象构成原理清晰地体现了天、地、人“三才”的互动互生关系。

这是儒家对天人关系的基本思考。

2 至善之德为孝悌之至

追求天人合一的境界一直以来都是儒家的理想目标，天人感应则是在这种理想下的具体表现。有人因为西汉的董仲舒在其《春秋繁露》中提出了“天人合一”“天人感应”的思想，再加上汉代谶纬之学的过度宣扬，便认为这种感应是儒家神秘主义，是封建统治的工具，可是他们忽略了这恰恰是儒家思想超越了世俗生活，达到精神境界最高层面的表现。因为在我们每个人的心头，都有一份值得我们去珍藏的、超越于世俗红尘之上的期待。

对佛教而言，这个期待是往生极乐；对道家而言，这个期待是羽化成仙；对儒家而言，这个期待就是天人合一。

天人合一、天人感应，可以说是儒家的终极关怀，也是每一个儒者所渴盼达到的至高境界。“大学之道，在明明德，在亲民，在止于至善。”这里的至善之德，就是达至天人境界的必由之路，而至善之德就是孝悌的最高境界。

所以，在每个儒者的心中，都存有这样一份美好，不断对自己的孝悌之心默查自省，以期实现孝感动天，天人合一。

德国哲学家康德曾说过：

> 有两样东西，我们越是深入思考，越是对此充满敬仰和敬畏。那就是我们头上的星空和我们内心的道德律。

儒家的天就是康德头上的星空，而儒家的孝也相当于康德心中的道德律。唯一的不同在于，在康德看来，这二者是各自独立存在的两个个体，但在儒家，孝与天是可以交通、可以感应的，是可以相合相配的。所以，孝道的实现就意味着人的道德已经足以与天道运行相互作用了。所以《中庸》中才会明确表达：

> 喜怒哀乐之未发，谓之中；发而皆中节，谓之和。中也者，天下之大本也；和也者，天下之达道也。致中和，天地位焉，万物育焉。

中庸之道是人间至道，无过无不及是人道之理。我们所有的道德操守都在于追求对自己情感的节制，使其达到无过无不及的中庸境界。但孔子也曾明言："中庸其至矣乎！民鲜能久矣！""天下国家，可均也；爵禄，可辞也；白刃，可蹈也；中庸，不可能也。"(《中庸》) 故而修道修德就成为儒者生命成就的必经之路，而这条路上的至德要道便是孝。于是乎《孝经·感应章》便有了如下的思考：

孝悌之至，通于神明，光于四海，无所不通。诗云："自西自东，自南自北，无思不服。"

这是一种多么和谐又多么迷人的理想境界，也是一幅超越神圣的美妙图景，虽然在绝大多数过往的历史朝代中它并没有真正地如约而至，但在儒者的心头，它确是一种永恒的信仰，一份无尽的虔诚。

结语

开宗明义　直探本原

通过以上的讲述，我们可以看到，孝道是儒家精神的原点，也是儒家所追求的最重要的价值。曾经有人说过，孝道并不是儒家所独有的。诚然，在先秦时期，道家、墨家、杂家、纵横家甚至法家的著作中也都对孝有或多或少的论述。

> 绝仁弃义，民复孝慈。
>
> 《道德经·第十九章》

> 以敬孝易，以爱孝难。以爱孝易，以忘亲难。忘亲易，使亲忘我难。使亲忘我易，兼忘天下难。兼忘天下易，使天下兼忘我难。
>
> 《庄子·天运》

臣子之不孝君父，所谓乱也。子自爱不爱父，故亏父而自利；弟自爱不爱兄，故亏兄而自利；臣自爱不爱君，故亏君而自利，此所谓乱也。父自爱也不爱子，故亏子而自利；兄自爱也不爱弟，故亏弟而自利；君自爱也不爱臣，故亏臣而自利。是何也？皆起不相爱。

《墨子·兼爱上》

刑三百，罪莫重于不孝。

《吕氏春秋·孝行览》

孝子之于亲也，爱之以心，事之以财。

《战国策·楚策三》

为子之道，导父以钟爱其兄弟，施行于诸父，慈惠于众子，诚信于朋友，谓之孝。

《晏子春秋·卷二内篇谏下第二》

臣事君，子事父，妻事夫，三者顺则天下治，三者逆则天下乱。此天下之常道也，明王贤臣而弗易也。孝子不非其亲。非其亲者，知其之不孝。

《韩非子·忠孝》

孝作为人类最为自然、最朴实的一种情感，当然会存在于每个人的心头，其他各家各派的人物都曾“发乎中，形于外”地表

达过对孝的基本认识，这是一件再正常不过的事情。但是通过对各家各派关于孝的描述的对比思考，我们可以看到，其他各家对于孝的论述，往往是一时一事的感悟、只鳞片爪的记述。没有哪一家像儒家一样，将它上升到道德的本原这样的高度，而且也没有一家像儒家这样进行全面系统地思考与梳理。

这个梳理的成果便是《孝经》。《孝经》不仅仅对孝行进行了全面而系统的梳理和总结，尤为重要的是将孝行升华为孝德、孝道，这一点，在《孝经·开宗明义章第一》中有明确的表述。这一章是全书的总纲，我们之所以把它放在结语中，是为了由浅而入深，由具体到概括，以便我们更好地学习和理解《孝经》，在本书中的作用也可以说是“卒章而显志”。

> 仲尼居，曾子侍。子曰：“先王有至德要道，以顺天下，民用和睦，上下无怨。汝知之乎？”曾子避席曰：“参不敏，何足以知之？”子曰：“夫孝，德之本也，教之所由生也。复坐，吾语汝。身体发肤，受之父母，不敢毁伤，孝之始也。立身行道，扬名于后世，以显父母，孝之终也。夫孝，始于事亲，中于事君，终于立身。《大雅》云，‘无念尔祖，聿修厥德。’”
>
> 《孝经·开宗明义章第一》

“仲尼居，曾子侍”，一个何等自在、随意而温馨的场景。儒家的教育不是高头讲章，也不是生硬刻板的教条，是在当下的活生生的教育。在如此轻松的场合下，孔子告诉曾子：“先王有至德要道，以顺天下，民用和睦，上下无怨。汝知之乎？”先代的圣德之主——也就是尧舜禹汤文武周公这些贤圣之君，为我们传下了至德要道——至高的德行和至要的道理，有了它可以实现天下和平，人民和睦，上下关系的和谐。

这是儒家经典常有的思路和价值判断。孝虽然是个人的德行所在，但其对社会、对家国天下的意义和价值是毋庸置疑的。儒者的生命状态始终都是将个体生命的成就和家国天下的担当紧密联系在一起的，二者无分先后、互为表里。所以《孝经》开篇并未直接谈到孝与个人之关系，而是用先声夺人之法将其对家国天下的意义和价值予以揭示，其目的是为了开宗明义，其效果是震聋发聩的。

此德此道，如此高明而且重要。孔子将其传给曾子，看重的是曾子的勤学善思，更看重的是他的一片孝心。曾子的孝德在后世广为流传。虽然曾子本人以及孟子都认为他仅仅达到养志的层次，还没有达到孝的高度，但他对于孝道的践行以及对孝的理解在当时应该无人能出其右。所以孔子传《孝经》于他。

孔子在传授弟子的时候，强调因材施教。“不愤不启，不悱不发。举一隅不以三隅反则不复也。”（《论语·述而第七》）资质不到或者理解不到，孔子都不会轻易讲授。只有学生发问，他才回答。而且如果学生对所问的问题没有自己的思考，孔子也是简单回答，点到为止。

但这次关于《孝经》的传授，却是在曾子还没有“愤悱”的情况下，孔子就直接发问。而且是发生在孔子闲居、曾子侍坐这样一个较为轻松闲适的场景中，由此可见孔子对于曾子的期待之深，也可以见孔子传经之急切。

孝之真义在孔子的思想中显然是具有超越精神的。郑玄曾引述孔子说："吾志在《春秋》，行在《孝经》。"《孝经》是儒家经典中表述孝道思想最为系统集中的一部书，是孔子建构儒家思想体系并落实德行的基石，其高妙是当时年纪尚轻的曾子所无法体会和把握的，但当时的孔子已经预感到自己的生命无多，时不我待了。所以孔子不能等曾子有了愤悱之心后才启发他。同样，曾子少孔子 46 岁，此时的曾子虽还尚未真正体味孝的真义，但其孝亲之心有极大的潜质，且颜回殁后，更无他人在对孔子思想的理解和践守上能出曾子之右，故而孔子传《孝经》于曾子，也是顺理成章、水到渠成之事。同时，因为已经预见到如果不及时传授便会有失传之虞，所以他选择了曾子进行授受并造就了一个明显的思想传承体系，即后世所说的思孟学派——由曾子传授给孔子之孙子思，由子思子再传而到孟子，于是形成了儒家思想流派中最重要也是最正统的一脉。同时也正是有此一脉，才形成在宋代以后占据主流思想地位的"四书"系统。

面对老师的发问，曾参马上就避席而曰："参不敏，何足以知之？"避席的动作虽小，但却形象生动地再现了当时的场景，也让我们看到孔子弟子的道德修养，即使在闲居之时也依然克恭克敬，丝毫不会马虎。曾子谨慎地说："我并不聪明，我怎么能知道如此高明的思想呢？"孔子马上给了他一个明确的解释："夫孝，德之本也，教之所由生也。复坐，吾语汝。"孝为诸德之根本，而且是儒家教化的缘起和由来。换句话说，儒家之教就是要教人懂得孝道具有统摄一切德行的高度，并明白何为孝道，以及如何行孝尽孝。此语终了，孔子才让曾参复坐，这一细节依然是别有深意的，一方面表现了孔子对弟子的无限关爱，另一方面，也让我们体会到未坐之前、已坐之后所言不同，重要性也各自不同。复坐之后才详细地告诉他："身体发肤，受之父母，不敢毁伤，孝之始也。立身行道，扬名于后世，以显父母，孝之终也。夫孝，始于事亲，中于事君，终于立身。"这就是孔子所认为的孝——以事亲始，以立身终，事君和行道都是孝亲的当然之义。

首先，我们有必要对这句话进行一下义理上的分殊，以厘清当代社会许多人对孝道的错误认识，因为后世加载在它上面的负面信息太多了。

"身体发肤，受之父母，不敢毁伤。"这是对孝子最底线的要求。因为这里所说的毁伤并非一般意义上的身体的损伤，而是因为触犯法律而受到的刑伤。在汉文帝改革刑罚，废止肉刑之前，中国的刑罚是以残损肢体为惩罚手段的，具体有"墨、劓、刵、宫、大辟"五种刑罚，也有剃去头发以便在服劳役时区别于服役百姓的髡刑。这六种刑罚中，大辟是死刑，其他五种都是肉体刑，也就是身体发肤的严重毁伤。所以孝子的首要行为是让自己不受刑罚的处罚。换一个角度，也就是要让自己做一个安分守己的守法之人。不敢毁伤，就是要做到不因自己的罪行让父母受到羞辱甚至株连。

同样，对自己身体发肤的高度重视，在正常生活中体现的是一个人对自己的生命以及对父母妻儿和家庭的高度的责任感，这是树立孝心以达至孝道的前提，"身有伤，遗亲忧"（《弟子规》），"父母唯其疾之忧"（《论语·为政第二》）。君子立身处世，如果连这一点都要让父母时刻担心，那么其他的事就更谈不上了。所以这是对一个孝子最起码的要求，属于原则性的规定。但后世将这句话绝对化到迂腐教条的程度，甚至认为理发剪指甲也属于毁伤，这便是被后世所诟病的“愚孝”的作为，已然彻底违背了儒家的义理、儒者的精神。

而“扬名于后世，以显父母”的思想正是儒家“光宗耀祖”“封妻荫子”思想的来源，我们曾经无情而彻底地对这两种观念进行了错误的批判，认为这是封建思想的余孽，所以要将其彻底打倒，且恨不得再从思想上斩草除根。但我们客观冷静地想一下，尤其是当我们在体会前人思想时能够附随有钱穆先生所言的“对其本国以往之历史的温情与敬意”再来看时，就会发现，其与文天祥所言的“留取丹心照汗青”，于谦所言的“要留清白在人间”并无实质的差异。这是一种境界，是对自己负责，对家庭负责，进而对社会负责的生命态度。同样，这一思想的前提和动因是“立身行道”，在儒家的立场上，如何才能立身？唯德方可立身。如何才是行道？担当就是行道。以立身行道之心落实在当下的行动，必然会收到扬名后世以显父母的效果。这正是儒者求仁得仁，实至名归的表现，何来不妥之处？儒家以义为先，但从不排斥名利。只是要让名与利的获得完全合于道义、以义得名，以义为利。

孝，正是实现这一切的关键所在。故此，才会有：

《大雅》云：“无念尔祖，聿修厥德。”

曲终奏雅，直落主题，直探本原。《诗经・大雅・文王》相传为周公旦所作，是对其父文王的追慕和赞美，也是对后世子孙的谆谆告诫——我们所拥有的德和位都是先祖之德的延续，是先祖继受天命给我们的荫蔽，我们要做的就是要常念先祖之德，并慎行其身，立德行道，承前启后，继往开来。不坠先祖之德，承绪先祖之志，保有天命不失。

以此诗结束全章，既有画龙点睛之妙，更见述而不作之意。儒家的学问本身就是经典与经典相互诠释和证成的过程，也是生命与经典相互交融和生发的过程。

同时,《孝经・开宗明义第一》所呈现的场景是如此的温馨、如此的生动：

师徒授受，耳提面命。
从容优雅，不疾不徐。
开宗明义，渐入佳境。
曲终奏雅，孝治天下。

这方是活泼泼的生命状态，这方是儒家的真精神所在。

附录

《孝经》序

【唐】李隆基

（据清嘉庆刻本阮元校刻《十三经注疏》之《孝经注疏》）

朕闻上古，其风朴略，虽因心之孝已萌，而资敬之礼犹简。及乎仁义既有，亲誉益著，圣人知孝之可以教人也，故“因严以教敬，因亲以教爱”，于是以顺移忠之道昭矣，立身扬名之义彰矣。子曰：“吾志在《春秋》，行在《孝经》。”是知孝者德之本欤。

《经》曰：“昔者明王之以孝理天下也，不敢遗小国之臣，而况于公、侯、伯、子、男乎？”朕尝三复斯言，景行先哲。虽无德教加于百姓，庶几广爱刑于四海。

嗟乎！夫子没而微言绝，异端起而大义乖。况泯绝于秦，得之者皆煨烬之末；滥觞于汉，传之者皆糟粕之馀。故鲁史《春秋》，学开五传；《国风》《雅》《颂》，分为四诗。去圣逾远，源流益别。近观《孝经》旧注，踳驳尤甚。至于迹相祖述，殆且百家；业擅专门，犹将十室。希升堂者必自开户牖，攀逸驾者必骋殊轨辙，是以道隐小成，言隐浮伪。且传以通经为义，义以必当为主，至当归一，精义无二，安得不翦其繁芜，而撮其枢要也？

韦昭、王肃，先儒之领袖；虞翻、刘邵，抑又次焉。刘炫明安国之本，陆澄讥康成之注。在理或当，何必求人？今故特举六家之异同，会五经之旨趣。约文敷畅，义则昭然；分注错经，理亦条贯。写之琬琰，庶有补于将来。

且夫子谈经，志取垂训，虽五孝之用则别，而百行之源不殊。是以一章之中凡有数句，一句之内意有兼明，具载则文繁，略之又义阙，今存于疏，用广发挥。

孝　经

【底本为清嘉庆刻本阮元校刻“十三经注疏本”】

曾子

开宗明义章第一

仲尼居，曾子侍。子曰：“先王有至德要道，以顺天下，民用和睦，上下无怨。汝知之乎？”曾子避席曰：“参不敏，何足以知之？”子曰：“夫孝，德之本也，教之所由生也。复坐，吾语汝。身体发肤，受之父母，不敢毁伤，孝之始也。立身行道，扬名于后世，以显父母，孝之终也。夫孝，始于事亲，中于事君，终于立身。《大雅》云，‘无念尔祖，聿修厥德。’”

天子章第二

子曰：“爱亲者不敢恶于人，敬亲者不敢慢于人。爱敬尽于事亲，而德教加于百姓，刑于四海。盖天子之孝也。《甫刑》云，‘一人有庆，兆民赖之。’”

诸侯章第三

“在上不骄，高而不危；制节谨度，满而不溢。高而不危，所以长守贵也；满而不溢，所以长守富也。富贵不离其身，然后能保其社稷而和其民人。盖诸侯之孝也。《诗》云，‘战战兢兢，如临深渊，如履薄冰。’”

卿大夫章第四

“非先王之法服不敢服，非先王之法言不敢道，非先王之德行不敢行。是故非法不言，非道不行。口无择言，身无择行，言满天下无口过，行满天下无怨恶。三者备矣，然后能守其宗庙。盖卿大夫之孝也。《诗》云，‘夙夜匪懈，以事一人。’”

士章第五

“资于事父以事母而爱同，资于事父以事君而敬同。故母取其爱而君取其敬，兼之者父也。故以孝事君则忠，以敬事长则顺。忠顺不失，以事其上，然后能保其禄位而守其祭祀。盖士之孝也。《诗》云，‘夙兴夜寐，无忝尔所生。’”

庶人章第六

“用天之道，分地之利，谨身节用，以养父母。此庶人之孝也。故自天子至于庶人，孝无终始，而患不及者，未之有也。”

三才章第七

曾子曰:“甚哉!孝之大也。”子曰:“夫孝,天之经也,地之义也,民之行也。天地之经而民是则之,则天之明,因地之利,以顺天下。是以其教不肃而成,其政不严而治。先王见教之可以化民也,是故先之以博爱而民莫遗其亲,陈之于德义而民兴行,先之以敬让而民不争,导之以礼乐而民和睦,示之以好恶而民知禁。《诗》云,‘赫赫师尹,民具尔瞻。’”

孝治章第八

子曰:“昔者明王之以孝治天下也,不敢遗小国之臣,而况于公、侯、伯、子、男乎?故得万国之欢心,以事其先王。治国者,不敢侮于鳏寡,而况于士民乎?故得百姓之欢心,以事其先君。治家者,不敢失于臣妾,而况于妻子乎?故得人之欢心,以事其亲。夫然,故生则亲安之,祭则鬼享之。是以天下和平,灾害不生,祸乱不作。故明王之以孝治天下也如此。《诗》云,‘有觉德行,四国顺之。’”

圣治章第九

曾子曰:“敢问圣人之德,无以加于孝乎?”子曰:“天地之性,人为贵。人之行,莫大于孝。孝莫大于严父,严父莫大于配天,则周公其人也。昔者,周公郊祀后稷以配天;宗祀文王于明堂,以配上帝。是以四海之内,各以其职来祭。夫圣人之德,又何以加于孝乎?故亲生之膝下,以养父母日严。圣人因严以教敬，因亲以教爱。圣人之教，不肃而成，其政不严而治，其所因者本也。父子之道，天性也，君臣之义也。父母生之，续莫大焉。君亲临之，厚莫重焉。故不爱其亲而爱他人者，谓之悖德；不敬其亲而敬他人者，谓之悖礼。以顺则逆，民无则焉。不在于善，而皆在于凶德，虽得之，君子不贵也。君子则不然，言思可道，行思可乐，德义可尊，作事可法，容止可观，进退可度，以临其民。是以其民畏而爱之，则而象之。故能成其德教，而行其政令。《诗》云，'淑人君子，其仪不忒。'"

纪孝行章第十

子曰："孝子之事亲也，居则致其敬，养则致其乐，病则致其忧，丧则致其哀，祭则致其严。五者备矣，然后能事亲。事亲者，居上不骄，为下不乱，在丑不争。居上而骄则亡，为下而乱则刑，在丑而争则兵。三者不除，虽日用三牲之养，犹为不孝也。"

五刑章第十一

子曰："五刑之属三千，而罪莫大于不孝。要君者无上，非圣人者无法，非孝者无亲。此大乱之道也。"

广要道章第十二

子曰："教民亲爱，莫善于孝。教民礼顺，莫善于悌。移风易俗，莫善于乐。安上治民，莫善于礼。礼者，敬而已矣。故敬其父，则子悦；敬其兄，则弟悦；敬其君，则臣悦；敬一人，而千万人悦。所敬者寡，而悦者众。此之谓要道也。”

广至德章第十三

子曰：“君子之教以孝也，非家至而日见之也。教以孝，所以敬天下之为人父者也。教以悌，所以敬天下之为人兄者也。教以臣，所以敬天下之为人君者也。《诗》云，‘恺悌君子，民之父母。’非至德，其孰能顺民如此其大者乎！”

广扬名章第十四

子曰：“君子之事亲孝，故忠可移于君；事兄悌，故顺可移于长；居家理，故治可移于官。是以行成于内，而名立于后世矣。”

谏诤章第十五

曾子曰：“若夫慈爱、恭敬、安亲、扬名，则闻命矣。敢问子从父之令，可谓孝乎？”子曰：“是何言与！是何言与！昔者，天子有争臣七人，虽无道，不失其天下；诸侯有争臣五人，虽无道，不失其国；大夫有争臣三人，虽无道，不失其家；士有争友，则身不离于令名；父有争子，则身不陷于不义。故当不义，则子不可以不争于父；臣不可以不争于君。故当不义则争之。从父之令，又焉得为孝乎！”

感应章第十六

子曰：“昔者明王事父孝，故事天明；事母孝，故事地察；长幼顺，故上下治。天地明察，神明彰矣。故虽天子，必有尊也，言有父也；必有先也，言有兄也。宗庙致敬，不忘亲也。修身慎行，恐辱先也。宗庙致敬，鬼神著矣。孝悌之至，通于神明，光于四海，无所不通。《诗》云，‘自西自东，自南自北，无思不服。’”

事君章第十七

子曰：“君子之事上也，进思尽忠，退思补过，将顺其美，匡救其恶。故上下能相亲也。《诗》云，‘心乎爱矣，遐不谓矣。中心藏之，何日忘之？’”

丧亲章第十八

子曰：“孝子之丧亲也，哭不偯，礼无容，言不文，服美不安，闻乐不乐，食旨不甘，此哀戚之情也。三日而食，教民无以死伤生。毁不灭性，此圣人之政也。丧不过三年，示民有终也。为之棺椁、衣衾而举之；陈其簠簋而哀戚之；擗踊哭泣，哀以送之；卜其宅兆，而安措之；为之宗庙，以鬼享之；春秋祭祀，以时思之。生事爱敬，死事哀戚，生民之本尽矣，死生之义备矣，孝子之事亲终矣。”

《古文孝经》孔氏传

【西汉】孔安国

《孝经》者何也？孝者，人之高行，经常也。自有天地人民以来，而孝道著矣。上有明王则大化滂流，充塞六合。若其无也，则斯道灭息。当吾先君孔子之世，周失其柄，诸侯力争。道德既隐，礼谊又废。至乃臣弑其君，子弑其父，乱逆无纪，莫之能正。是以夫子每于闲居而叹，述古之孝道也。夫子敷先王之教于鲁之洙泗，门徒三千而达者七十有二也。贯首弟子，颜回、闵子骞、冉伯牛、仲弓，性也至孝之自然，皆不待谕而寤者也。其余则悱悱愤愤，若存若亡。唯曾参躬行匹夫之孝而未达天子诸侯以下扬名显亲之事，因侍坐而谘问焉。故夫子告其谊于是。曾子喟然，知孝之为大也，遂集而录之，名曰《孝经》。与“五经”并行于世。逮乎六国，学校衰废，及秦始皇焚书坑儒，《孝经》由是绝而不传也。至汉兴，建元之初，河间王得而献之，凡十八章，文字多误，博士颇以教授。后鲁共王使人坏夫子讲堂，于壁中石函得《古文孝经》二十二章，载在竹牒，其长尺有二寸，字科斗形。鲁三老孔子惠抱诣京师，献之天子。天子使金马门待诏学士与博士、群儒从隶字写之。还子惠一通，以一通赐所幸侍中霍光。光甚好之，言为口实。时王公贵人，咸神秘焉，比于禁。方天下竞欲求学莫能得者，每使者至鲁，辄以人事请索。或好事者募以钱帛，用相问遗。鲁吏有至帝都者，无不赍持以为行路之资。故《古文孝经》初出于孔氏，而今文十八章，诸儒各任意巧说，分为数家之谊，浅学者以当"六经"。其大车载不胜，反云孔氏无《古文孝经》，欲蒙时人。度其为说，诬亦甚矣。吾愍其如此，发愤精思，为之训传，悉载本文，万有余言。朱以发经，墨以起传。庶后学者睹正谊之有在也。今中秘书皆以鲁三老所献古文为正，河间王所上虽多误，然以先出之故，诸国往往有之。汉先帝发诏称其辞者，皆言传曰，其实《今文孝经》也。昔吾逮从伏生论《古文尚书》谊时，学士防云出叔孙氏之门，自道知《孝经》有师法，其说移风易俗莫善于乐，谓为天子用乐省万邦之风，以知其盛衰。衰则移之以贞盛之教；淫则移之以贞固之风。皆以乐声知之，知则移之。故云移风易俗，莫善于乐也。又师旷云："吾骤歌南风，多死声，楚必无功。"即其类也。且曰："庶民之愚，安能识音而可以乐移之乎？"当时众人佥以为善。吾嫌其说迂，然无以难之，后推寻其意，殊不得尔也。子游为武城宰，作弦歌以化民，武城之下邑而犹化之以乐。故《传》曰："夫乐，以关山川之风，以曜德于广远。风德以广之，风物以听之，修诗以咏之，修礼以节之。"又曰："用之邦国焉，用之乡人焉。"此非唯天子用乐明矣。夫云集而龙兴，虎啸而风起。物之相感，有自然者，不可谓毋也。胡笳吟动，马蹀而悲；黄老之弹，婴儿起舞。庶民之愚，愈于胡马与婴儿也，何为不可以乐化之。经又云：“敬其父则子说，敬其君则臣说。”而说者以为各自敬其为君父之道，臣子乃说也。余谓不然，君虽不君，臣不可以不臣；父虽不父，子不可以不子。若君父不敬其为君父之道，则臣子便可以忿之邪？此说不通矣。吾为传，皆弗之从焉也。

古文孝经

开宗明谊章第一

仲尼闲居，曾子侍坐。子曰：“参，先王有至德要道，以训天下，民用和睦，上下亡怨。女知之乎？”曾子辟席曰：“参不敏，何足以知之乎？”子曰：“夫孝，德之本也，教之所繇生也。复坐，吾语女。身体发肤，受之父母，不敢毁伤，孝之始也。立身行道，扬名于后世，以显父母，孝之终也。夫孝，始于事亲，中于事君，终于立身。《大雅》云，‘亡念尔祖，聿修其德。’”

天子章第二

子曰：“爱亲者不敢恶于人，敬亲者不敢慢于人。爱敬尽于事亲，然后德教加于百姓，刑于四海。盖天子之孝也。《吕刑》云，‘一人有庆，兆民赖之。’”

诸侯章第三

子曰：“居上不骄，高而不危；制节谨度，满而不溢。高而不危，所以长守贵也；满而不溢，所以长守富也。富贵不离其身，然后能保其社稷而和其民人。盖诸侯之孝也。《诗》云，‘战战兢兢，如临深渊，如履薄冰。’”

卿大夫章第四

子曰：“非先王之法服不敢服，非先王之法言不敢道，非先王之德行不敢行。是故非法不言，非道不行。口亡择言，身亡择行，言满天下亡口过，行满天下亡怨恶。三者备矣，然后能保其禄位而守其宗庙。盖卿大夫之孝也。《诗》云，‘夙夜匪解，以事一人。’”

士章第五

子曰：“资于事父以事母，其爱同；资于事父以事君，其敬同。故母取其爱而君取其敬，兼之者父也。故以孝事君则忠，以弟事长则顺。忠顺不失，以事其上，然后能保其爵禄，而守其祭祀。盖士之孝也。《诗》云，‘夙兴夜寐，亡忝尔所生。’”

庶人章第六

子曰：“因天之时，就地之利，谨身节用，以养父母。此庶人之孝也。”

孝平章第七

子曰：“故自天子以下，至于庶人，孝亡终始而患不及者，未之有也。”

三才章第八

曾子曰："甚哉！孝之大也。"子曰："夫孝，天之经也，地之谊也，民之行也。天地之经而民是则之，则天之明，因地之利，以训天下。是以其教不肃而成，其政不严而治。先王见教之可以化民也，是故先之以博爱，而民莫遗其亲；陈之以德谊，而民兴行；先之以敬让，而民不争；道之以礼乐，而民和睦；示之以好恶，而民知禁。《诗》云，'赫赫师尹，民具尔瞻。'"

孝治章第九

子曰："昔者，明王之以孝治天下也，不敢遗小国之臣，而况于公、侯、伯、子、男乎？故得万国之欢心，以事其先王。治国者，不敢侮于鳏寡，而况于士民乎？故得百姓之欢心，以事其先君。治家者，不敢失于臣妾之心，而况于妻子乎？故得人之欢心，以事其亲。夫然，故生则亲安之，祭则鬼享之。是以天下和平，灾害不生，祸乱不作。故明王之以孝治天下也如此。《诗》云，'有觉德行，四国顺之。'"

圣治章第十

曾子曰："敢问圣人之德，亡以加于孝乎？"子曰："天地之性，人为贵。人之行，莫大于孝。孝莫大于严父，严父莫大于配天，则周公其人也。昔者，周公郊祀后稷以配天；宗祀文王于明堂，以配上帝。是以四海之内，各以其职来助祭。夫圣人之德，又何以加于孝乎？是故亲生毓之，以养父母日严。圣人因严以教敬，因亲以教爱。圣人之教，不肃而成，其政不严而治，其所因者本也。”

父母生绩章第十一

子曰：“父子之道，天性也，君臣之谊也。父母生之，绩莫大焉。君亲临之，厚莫重焉。”

孝优劣章第十二

子曰：“不爱其亲而爱他人者，谓之悖德；不敬其亲而敬他人者，谓之悖礼。以训则昏，民亡则焉。不宅于善，而皆在于凶德。虽得志，君子弗从也。君子则不然，言思可道，行思可乐，德谊可尊，作事可法，容止可观，进退可度，以临其民。是以其民畏而爱之，则而象之。故能成其德教，而行其政令。《诗》云，‘淑人君子，其仪不忒。’”

纪孝行章第十三

子曰：“孝子之事亲也，居则致其敬，养则致其乐，疾则致其忧，丧则致其哀，祭则致其严。五者备矣，然后能事其亲。事亲者，居上不骄，为下不乱，在丑不争。居上而骄则亡，为下而乱则刑，在丑而争则兵。此三者不除，虽日用三牲之养，繇为不孝也。”

五刑章第十四

子曰：“五刑之属三千，而辠莫大于不孝。要君者亡上，非圣人者亡法，非孝者亡亲。此大乱之道也。”

广要道章第十五

子曰：“教民亲爱，莫善于孝。教民礼顺，莫善于弟。移风易俗，莫善于乐。安上治民，莫善于礼。礼者，敬而已矣。故敬其父，则子说；敬其兄，则弟说；敬其君，则臣说；敬一人，而千万人说。所敬者寡，而说者众。此之谓要道也。”

广至德章第十六

子曰：“君子之教以孝也，非家至而日见之也。教以孝，所以敬天下之为人父者也。教以弟，所以敬天下之为人兄者也。教以臣，所以敬天下之为人君者也。《诗》云，‘恺悌君子，民之父母。’非至德，其孰能训民如此其大者乎！”

感应章第十七

子曰：“昔者明王事父孝，故事天明；事母孝，故事地察；长幼顺，故上下治。天地明察，鬼神章矣。故虽天子，必有尊也。言有父也，必有先也；言有兄也，必有长也。宗庙致敬，不忘亲也。修身慎行，恐辱先也。宗庙致敬，鬼神著矣。孝弟之至，通于神明，光于四海，亡所不暨。《诗》云，‘自西自东，自南自北，亡思不服。’

广扬名章第十八

子曰：“君子事亲孝，故忠可移于君；事兄弟，故顺可移于长；居家理，故治可移于官。是以行成于内，而名立于后世矣。”

闺门章第十九

子曰：“闺门之内，具礼矣乎！严亲严兄。妻子臣妾，繇百姓徒役也。”

谏争章第二十

曾子曰：“若夫慈爱、龚敬、安亲、扬名，参闻命矣。敢问子从父之命，可谓孝乎？”子曰：“参，是何言与！是何言与！言之不通邪！昔者，天子有争臣七人，虽亡道，不失天下；诸侯有争臣五人，虽亡道，不失其国；大夫有争臣三人，虽亡道，不失其家；士有争友，则身不离于令名；父有争子，则身不陷于不谊。故当不谊，则子不可以不争于父；臣不可以不争于君。故当不谊则争之。从父之命，又安得为孝乎！”

事君章第二十一

子曰：“君子之事上也，进思尽忠，退思补过，将顺其美，匡救其恶，故上下能相亲也。《诗》云，‘心乎爱矣，遐不谓矣。中心臧之，何日忘之？’”

丧亲章第二十二

子曰：“孝子之丧亲也，哭不依，礼亡容，言不文，服美不安，闻乐不乐，食旨不甘，此哀戚之情也。三日而食，教民亡以死伤生也。毁不灭性，此圣人之正也。丧不过三年，示民有终也。为之棺椁、衣衾以举之；陈其簠簋而哀戚之；哭泣擗踊，哀以送之；卜其宅兆，而安措之；为之宗庙，以鬼享之；春秋祭祀，以时思之。生事爱敬，死事哀戚，生民之本尽矣，死生之谊备矣，孝子之事终矣。”

经典论孝语录

孝经（节录）

夫孝，德之本也，教之所由生也。

身体发肤，受之父母，不敢毁伤，孝之始也。立身行道，扬名于后世，以显父母，孝之终也。夫孝，始于事亲，中于事君，终于立身。

《开宗明义章第一》

爱亲者不敢恶于人，敬亲者不敢慢于人。

《天子章第二》

夫孝，天之经也，地之义也，民之行也。天地之经而民是则之，则天之明，因地之利，以顺天下。是以其教不肃而成，其政不严而治。

先之以博爱而民莫遗其亲，陈之于德义而民兴行，先之以敬让而民不争，导之以礼乐而民和睦，示之以好恶而民知禁。

《三才章第七》

天地之性，人为贵。人之行，莫大于孝。

故不爱其亲而爱他人者，谓之悖德；不敬其亲而敬他人者，谓之悖礼。

《圣治章第九》

孝子之事亲也，居则致其敬，养则致其乐，病则致其忧，丧则致其哀，祭则致其严。五者备矣，然后能事亲。事亲者，居上不骄，为下不乱，在丑不争。居上而骄则亡，为下而乱则刑，在丑而争则兵。三者不除，虽日用三牲之养，犹为不孝也。

《纪孝行章第十》

五刑之属三千，而罪莫大于不孝。要君者无上，非圣人者无法，非孝者无亲。此大乱之道也。

《五刑章第十一》

教民亲爱，莫善于孝。教民礼顺，莫善于悌。移风易俗，莫善于乐。安上治民，莫善于礼。礼者，敬而已矣。

《广要道章第十二》

君子之教以孝也，非家至而日见之也。教以孝，所以敬天下之为人父者也。教以悌，所以敬天下之为人兄者也。

《广至德章第十三》

父有争子，则身不陷于不义。故当不义，则子不可以不争于父；臣不可以不争于君。故当不义则争之。从父之令，又焉得为孝乎！

《谏诤章第十五》

虽天子，必有尊也，言有父也；必有先也，言有兄也。宗庙致敬，不忘亲也。修身慎行，恐辱先也。宗庙致敬，鬼神著矣。孝悌之至，通于神明，光于四海，无所不通。

《感应章第十六》

孝子之丧亲也，哭不偯，礼无容，言不文，服美不安，闻乐不乐，食旨不甘，此哀戚之情也。三日而食，教民无以死伤生。毁不灭性，此圣人之政也。

《丧亲章第十八》

论语（节录）

孟懿子问孝。子曰："无违。"樊迟御，子告之曰："孟孙问孝于我，我对曰'无违'。"樊迟曰："何谓也？"子曰："生，事之以礼；死，葬之以礼，祭之以礼。"

孟武伯问孝。子曰："父母唯其疾之忧。"

子游问孝。子曰："今之孝者，是谓能养。至于犬马，皆能有养。不敬，何以别乎？"

子夏问孝。子曰："色难。有事，弟子服其劳；有酒食，先生馔，曾是以为孝乎？"

《为政第二》

子曰："事父母几谏，见志不从，又敬不违，劳而不怨。"

子曰："父母在，不远游，游必有方。"

子曰："三年无改于父之道，可谓孝矣。"

子曰："父母之年，不可不知也。一则以喜，一则以惧。"

《里仁第四》

夫君子之居丧，食旨不甘，闻乐不乐，居处不安，故不为也。

《阳货第十七》

孟子（节录）

老吾老，以及人之老；幼吾幼，以及人之幼。

《梁惠王上》

事孰为大？事亲为大。守孰为大？守身为大。不失其身而能事其亲者，吾闻之矣。失其身而能事其亲者，吾未之闻也。孰不为事？事亲，事之本也。孰不为守？守身，守之本也。

《离娄上》

世俗所谓不孝者五：惰其四支，不顾父母之养，一不孝也；博弈好饮酒，不顾父母之养，二不孝也；好货财，私妻子，不顾父母之养，三不孝也。从耳目之欲，以为父母戮，四不孝也；好勇斗狠，以危父母，五不孝也。

《离娄下》

尧舜之道，孝悌而已矣。

《告子下》

亲亲而仁民，仁民而爱物。

《尽心上》

礼记（节录）

凡为人子之礼，冬温而夏凊，昏定而晨省。在丑夷不争。

夫为人子者，三赐不及车马，故州闾乡党称其孝也，兄弟亲戚称其慈也，僚友称其弟也，执友称其仁也，交游称其信也；见父之执，不谓之进不敢进，不谓之退不敢退，不问不敢对。此孝子之行也。

夫为人子者，出必告，反必面；所游必有常，所习必有业；恒言不称老。

为人子者，听于无声，视于无形；不登高，不临深；不苟訾，不苟笑。

孝子不服暗，不登危，惧辱亲也。父母存，不许友以死，不有私财。

父母有疾，冠者不栉，行不翔，言不惰，琴瑟不御，食肉不至变味，饮酒不至变貌，笑不至矧，怒不至詈。疾止复故。

居丧之礼，头有创则沐，身有疡则浴，有疾则饮酒食肉，疾止复初。不胜丧，乃比于不慈不孝。五十不致毁。六十不毁。七十唯衰麻在身，饮酒食肉，处于内。

《曲礼上第一》

子路曰：“伤哉贫也！生无以为养，死无以为礼也。”孔子曰：“啜菽饮水，尽其欢，斯之谓孝。敛手足形，还葬而无椁，称其财，斯之谓礼。”

《檀弓下第四》

司徒修六礼以节民性，明七教以兴民德，齐八政以防淫，一道德以同俗，养耆老以致孝，恤孤独以逮不足，上贤以崇德，简不肖以绌恶。

《王制第五》

文王之为世子，朝于王季日三。鸡初鸣而衣服，至于寝门外，问内竖之御者曰：“今日安否何如？”内竖曰：“安。”文王乃喜。及日中又至，亦如之。及暮又至，亦如之。其有不安节，则内竖以告文王，文王色忧，行不能正履。王季复膳，然后亦复初。

武王帅而行之，不敢有加焉。文王有疾，武王不脱冠带而养。文王一饭，亦一饭；文王再饭，亦再饭。旬有二日乃间。

庶子之正于公族者，教之以孝悌、睦友、子爱，明父子之义、长幼之序。

公族朝于内朝，内亲也，虽有贵者以齿，明父子也。外朝以官，体异姓也。宗庙之中，以爵为位，崇德也。宗人授事以官，尊贤也。登馂、受爵以上嗣，尊祖之道也。丧纪以服之轻重为序，不夺人亲也。公与族燕则以齿，而孝弟之道达矣。

是故圣人之记事也，虑之以大，爱之以敬，行之以礼，修之以孝养，纪之以义，终之以仁。是故古之人一举事，而众皆知其德之备也。古之君子举大事，必慎其终始，而众安得不喻焉？《兑命》曰："念终始典于学。"

《文王世子第八》

故圣人耐以天下为一家、以中国为一人者，非意之也，必知其情，辟于其义，明于其利，达于其患，然后能为之。何谓人情？喜、怒、哀、惧、爱、恶、欲，七者弗学而能。何谓人义？父慈、子孝、兄良、弟悌、夫义、妇听、长惠、幼顺、君仁、臣忠，十者谓之人义。讲信修睦，谓之人利。争夺相杀，谓之人患。故圣人之所以治人七情，修十义，讲信修睦，尚辞让，去争夺，舍礼何以治之？饮食男女，人之大欲存焉。死亡贫苦，人之大恶存焉。故欲恶者，心之大端也。人藏其心，不可测度也。美恶皆在其心，不见其色也，欲一穷之，舍礼何以哉？

《礼运第九》

礼，时为大，顺次之，体次之，宜次之，称次之。尧授舜，舜授禹，汤放桀，武王伐纣，时也。《诗》云："匪革其犹，聿追来孝。"

《礼器第十》

子妇孝者、敬者，父母、舅姑之命勿逆勿怠。若饮食之，虽不嗜，必尝而待。加之衣服，虽不欲，必服而待。加之事，人代之，已虽弗欲，姑与之，而姑使之，而后复之。子妇有勤劳之事，虽甚爱之，姑纵之，而宁数休之。

子妇未孝未敬，勿庸疾怨，姑教之。若不可教，而后怒之，不可怒，子放妇出，而不表礼焉。

父母有过，下气怡色柔声以谏。谏若不入，起敬起孝，悦则复谏；不悦，与其得罪于乡党州闾，宁孰谏。父母怒不悦，而挞之流血，不敢疾怨，起敬起孝。

曾子曰："孝子之养老也，乐其心，不违其志；乐其耳目，安其寝处，以其饮食忠养之。孝子之身终，终身也者，非终父母之身，终其身也，是故父母之所爱亦爱之，父母之所敬亦敬之，至于犬马尽然，而况于人乎？"

《内则第十二》

父命呼，"唯"而不"诺"，手执业则投之，食在口则吐之，走而不趋。亲老，出不易方，复不过时。亲瘠，色容不盛。此孝子之疏节也。父没而不能读父之书，手泽存焉尔；母没而杯圈不能饮焉，口泽之气存焉尔。

《玉藻第十三》

是故先王之孝也，色不忘乎目，声不绝乎耳，心志嗜欲不忘乎心；致爱则存，致悫则著，著存不忘乎心，夫安得不敬乎？

孝子之祭也，尽其悫而悫焉，尽其信而信焉，尽其敬而敬焉，尽其礼而不过失焉。进退必敬，如亲听命，则或使之也。

孝子之有深爱者，必有和气；有和气者，必有愉色；有愉色者，必有婉容。

至孝近乎王，至弟近乎霸。至孝近乎王，虽天子必有父；至弟近乎霸，虽诸侯必有兄。先王之教，因而弗改，所以领天下国家也。

子曰："立爱自亲始，教民睦也；立敬自长始，教民顺也。教以慈睦，而民贵有亲；教以敬长，而民贵用命。孝以事亲，顺以听命，错诸天下，无所不行。"

曾子曰："孝有三。大孝尊亲，其次弗辱，其下能养。"公明仪问于曾子曰："夫子可以为孝乎？"曾子曰："是何言与？是何言与！君子之所为孝者，先意承志，谕父母于道。参直养者也，安能为孝乎？"

曾子曰："身也者，父母之遗体也。行父母之遗体，敢不敬乎？居处不庄，非孝也。事君不忠，非孝也。莅官不敬，非孝也。朋友不信，非孝也。战陈无勇，非孝也。五者不遂，灾及于亲，敢不敬乎？亨孰羶芗，尝而荐之，非孝也，养也。君子之所谓孝也者，国人称愿然曰，'幸哉有子如此！'所谓孝也已。众之本教曰孝，其行曰养。养可能也，敬为难。敬可能也，安为难。安可能也，卒为难。父母既没，慎行其身，不遗父母恶名，可谓能终矣。仁者仁此者也，礼者履此者也，义者宜此者也，信者信此者也，强者强此者也。乐自顺此生，刑自反此作。"

曾子曰："夫孝，置之而塞乎天地，溥之而横乎四海，施诸后世而无朝夕，推而放诸东海而准，推而放诸西海而准，推而放诸南海而准，推而放诸北海而准。《诗》云，‘自西自东，自南自北，无思不服。’此之谓也。”

曾子曰：“树木以时伐焉，禽兽以时杀焉。夫子曰，‘断一树，杀一兽，不以其时，非孝也。’孝有三：小孝用力，中孝用劳，大孝不匮。思慈爱忘劳，可谓用力矣。尊仁安义，可谓用劳矣。博施备物，可谓不匮矣。父母爱之，嘉而弗忘。父母恶之，惧而无怨。父母有过，谏而不逆。父母既没，必求仁者之粟以祀之。此之谓礼终。”

乐正子春下堂而伤其足，数月不出，犹有忧色。门弟子曰：“夫子之足瘳矣，数月不出，犹有忧色，何也？”乐正子春曰：“善如尔之问也，善如尔之问也！吾闻诸曾子，曾子闻诸夫子曰，‘天之所生，地之所养，无人为大。父母全而生之，子全而归之，可谓孝矣。不亏其体，不辱其身，可谓全矣。故君子顷步而弗敢忘孝也。今子忘孝之道，子是以有忧色也。一举足而不敢忘父母，一出言而不敢忘父母。一举足而不敢忘父母，是故道而不径，舟而不游，不敢以先父母之遗体行殆。一出言而不敢忘父母，是故恶言不出于口，忿言不反于身。不辱其身，不羞其亲，可谓孝矣！”

昔者有虞氏贵德而尚齿，夏后氏贵爵而尚齿，殷人贵富而尚齿，周人贵亲而尚齿。虞、夏、殷、周，天下之盛王也，未有遗年者，年之贵乎天下久矣，次乎事亲也。是故朝廷同爵则尚齿；七十杖于朝，君问则席；八十不俟朝，君问则就之；而弟达乎朝廷矣。行肩而不併，不错则随，见老者则车徒辟，斑白者不以其任行乎道路，而弟达乎道路矣。居乡以齿，而老穷不遗，强不犯弱，众不暴寡，而弟达乎州巷矣。古之道，五十不为甸徒，颁禽隆诸长者，而弟达乎獀狩矣。军旅什伍，同爵则尚齿，而弟达乎军旅矣。孝弟发诸朝廷，行乎道路，至乎州巷，放乎獀狩，修乎军旅，众以义死之而弗敢犯也。

孝子将祭祀，必有齐庄之心以虑事，以具服物，以修宫室，以治百事。及祭之日，颜色必温，行必恐，如惧不及爱然。其奠之也，容貌必温，身必诎，如语焉而未之然。宿者皆出，其立卑静以正，如将弗见然。及祭之后，陶陶遂遂，如将复入然。是故悫善不违身，耳目不违心，思虑不违亲；结诸心，形诸色，而术省之，孝子之志也。

《祭义第二十四》

《大戴礼记·曾子大孝》与此略同

贤者之祭也，致其诚信，与其忠敬，奉之以物，道之以礼，安之以乐，参之以时，明荐之而已矣。不求其为，此孝子之心也。

祭者，所以追养继孝也。孝者畜也。顺于道，不逆于伦，是之谓畜。是故孝子之事亲也有三道焉：生则养，没则丧，丧毕则祭。养则观其顺也，丧则观其哀也，祭则观其敬而时也。尽此三道者，孝子之行也。

君子之教也，外则教之以尊其君长，内则教之以孝于其亲，是故明君在上，则诸臣服从；崇事宗庙社稷，则子孙顺孝。尽其道，端其义，而教生焉。

《祭统第二十五》

仁人不过乎物，孝子不过乎物。是故仁人之事亲也如事天，事天如事亲，是故孝子成身。

《哀公问第二十七》

子云："善则称亲，过则称己，则民作孝。《大誓》曰，'予克纣，非予武，惟朕文考无罪。纣克予，非朕文考有罪，惟予小子无良。'"

子云："君子驰其亲之过而敬其美。"《论语》曰："三年无改于父之道，可谓孝矣。" 高宗云："三年其惟不言，言乃欢。'"

子云："从命不忿，微谏不倦，劳而不怨，可谓孝矣。《诗》云，'孝子不匮。'"

子云："睦于父母之党，可谓孝矣，故君子因睦以合族。《诗》云，'此令兄弟，绰绰有裕。不令兄弟，交相为瘉。'"

子云："于父之执，可以乘其车，不可以衣其衣。君子以广孝也。"

子云："小人皆能养其亲，君子不敬，何以辨？"

子云："父子不同位，以厚敬也。《书》云，'厥辟不辟，忝厥祖。'"

子云："父母在，不称老。言孝不言慈。闺门之内，戏而不叹。君子以此坊民，民犹薄于孝而厚于慈。"

子云："孝以事君，悌以事长，示民不贰也。父母在，不敢有其身，不敢私其财也，示民有上下也。"

《坊记第三十》

子曰："故大德必得其位，必得其禄，必得其名，必得其寿。故天之生物，必因其材而笃焉。故栽者培之，倾者覆之。《诗》曰，'嘉乐君子，宪宪令德。宜民宜人，受禄于天。保佑命之，自天申之。'故大德者必受命。"

子曰："武王、周公，其达孝矣乎！夫孝者，善继人之志，善述人之事者也。践其位，行其礼，奏其乐，敬其所尊，爱其所亲，事死如事生，事亡如事存，孝之至也。"

仁者人也，亲亲为大；义者宜也，尊贤为大。亲亲之杀（shài），尊贤之等，礼所生也。在下位不获乎上，民不可得而治矣！故君子不可以不修身；思修身，不可以不事亲；思事亲，不可以不知人；思知人，不可以不知天。

天下之达道五，所以行之者三。曰：君臣也，父子也，夫妇也，昆弟也，朋友之交也，五者天下之达道也。知、仁、勇三者，天下之达德也，所以行之者一也。或生而知之，或学而知之，或困而知之；及其知之一也。或安而行之，或利而行之，或勉强而行之；及其成功，一也。

好学近乎知，力行近乎仁，知耻近乎勇。

修身则道立，尊贤则不惑，亲亲则诸父昆弟不怨。

《中庸第三十一》

《诗》云："凯弟君子，民之父母。"凯以强教之，弟以说安之。乐而毋荒，有礼而亲，威庄而安，孝慈而敬，使民有父之尊，有母之亲，如此而后可以为民父母矣，非至德其孰能如此乎？

《表记第三十二》

祭之宗庙，以鬼享之，徼幸复反也；成圹而归，不敢入处室，居于倚庐，哀亲之在外也；寝苫枕块，哀亲之在土也。故哭泣无时，服勤三年，思慕之心，孝子之志也，人情之实也。

《问丧第三十五》

为人君，止于仁；为人臣，止于敬；为人子，止于孝；为人父，止于慈；与国人交，止于信。

上老老而民兴孝，上长长而民兴悌，上恤孤而民不倍，是以君子有絜矩之道也。所恶于上，毋以使下；所恶于下，毋以事上；所恶于前，毋以先后；所恶于后，毋以从前；所恶于右，毋以交于左；所恶于左，毋以交于右。此之谓絜矩之道。

《大学第四十二》

故孝悌忠顺之行立，而后可以为人；可以为人，而后可以治人也。故圣王重礼。

《冠义第四十三》

乡饮酒之礼：民知尊长养老，而后乃能入孝悌。民入孝悌，出尊长养老，而后成教。成教而后国可安也。君子之所谓孝者，非家至而日见之也。合诸乡射，教之乡饮酒之礼，而孝悌之行立矣。

《乡饮酒义第四十五》

父母之丧，衰冠，绳缨，菅屦；三日而食粥，三月而沐；期十三月而练冠；三年而祥。比终兹三节者，仁者可以观其爱焉，知者可以观其理焉，强者可以观其志焉。礼以治之，义以正之。孝子，悌弟，贞妇，皆可得而察焉。

《丧服四制第四十九》

大戴礼记（节录）

上敬老则下益孝，上顺齿则下益悌，上乐施则下益谅，上亲贤则下择友，上好德则下不隐，上恶贪则下耻争，上强果则下廉耻，民皆有别，则贞、则正，亦不劳矣，此谓七教。七教者，治民之本也，教定是正矣。

《主言第三十九》

古之王者，太子乃生，固举之礼，使士负之。有司参夙兴端冕，见之南郊，见之天也。过阙则下，过庙则趋，孝子之道也。故自为赤子时，教固以行矣。昔者，周成王幼，在襁褓之中，召公为太保，周公为太傅，太公为太师。保，保其身体；傅，傅其德义；师，导之教顺，此三公之职也。于是为置三少，皆上大夫也。曰少保、少傅、少师，是与太子宴者也。故孩提，三公三少固明孝仁礼义以导习之也。逐去邪人，不使见恶行。于是比选天下端士孝悌闲博有道术者，以辅翼之，使之与太子居处出入；故太子乃目见正事，闻正言，行正道，左视右视，前后皆正人。夫习与正人居，不能不正也；犹生长于楚，不能不楚言也。故择其所嗜，必先受业，乃得当之；择其所乐，必先有习，乃得为之。

孔子曰："少成若天性，习惯之为常。"此殷、周之所以长有道也。

三代之礼，天子春朝朝日，秋暮夕月，所以明有别也。春秋入学，坐国老执酱而亲馈之，所以明有孝也。行中鸾和，步中采茨，趋中肆夏，所以明有度也。于禽兽，见其生不食其死，闻其声不尝其肉，故远庖厨，所以长恩，且明有仁也。食以礼，彻以乐，失度则史书之，工诵之，三公进而读之，宰夫减其膳，是天子不得为非也。

《保傅第四十八》

曾子曰："忠者，其孝之本与？孝子不登高，不履危，痹亦弗凭；不苟笑，不苟訾，隐不命，临不指。故不在尤之中也。

"孝子恶言死焉，流言止焉，美言兴焉，故恶言不出于口，烦言不及于己。"

"故孝子之事亲也，居易以俟命，不兴险行以徼幸；孝子游之，暴人违之；出门而使，不以或为父母忧也；险涂隘巷，不求先焉，以爱其身，以不敢忘其亲也。"

"孝子之使人也不敢肆，行不敢自专也；父死三年，不敢改父之道；又能事父之朋友，又能率朋友以助敬也。"

"君子之孝也，以正致谏；士之孝也，以德从命；庶人之孝也，以力恶食；任善，不敢臣三德。"

"故孝之于亲也，生则有义以辅之，死者哀以莅焉，祭祀则莅之以敬；如此，而成于孝子也。"

《曾子本孝第五十》

曾子曰："君子立孝，其忠之用，礼之贵。故为人子而不能孝其父者，不敢言人父不畜其子者；为人弟而不能承其兄者，不敢言人兄不能顺其弟者；为人臣而不能事其君者，不敢言人君不能使其臣者也。故与父言，言畜子；与子言，言孝父；与兄言，言顺弟；与弟言，言承兄；与君言，言使臣；与臣言，言事君。君子之孝也，忠爱以敬；反是，乱也。尽力而有礼，庄敬而安之；微谏不倦，听从而不怠，欢欣忠信，咎故不生，可谓孝矣。……子曰，'可人也，吾任其过；不可人也，吾辞其罪。'诗云，'有子七人，莫慰母心。'子之辞也。'夙兴夜寐，无忝尔所生。'言不自舍也。不耻其亲，君子之孝也。"

《曾子立孝第五十一》

单居离问于曾子曰："事父母有道乎？"曾子曰："有。爱而敬。父母之行若中道，则从；若不中道，则谏；谏而不用，行之如由己。从而不谏，非孝也；谏而不从，亦非孝也。孝子之谏，达善而不敢争辨；争辨者，作乱之所由兴也。由己为无咎，则宁；由己为贤人，则乱。孝子无私乐，父母所忧忧之，父母所乐乐之。孝子唯巧变，故父母安之。若夫坐如尸，立如齐（zhāi），弗讯不言，言必齐色，此成人之善者也，未得为人子之道也。"

《曾子事父母第五十三》

曾子曰："夫行也者，行礼之谓也。夫礼，贵者敬焉，老者孝焉，幼者慈焉，少者友焉，贱者惠焉。此礼也，行之则行也，立之则义也。弟子无曰'不我知也'。鄙夫鄙妇相会于廧阴，可谓密矣，明日则或扬其言矣；故士执仁与义而明行之，未笃故也，胡为其莫之闻也。杀六畜不当，及亲，吾信之矣；使民不时，失国，吾信之矣。蓬生麻中，不扶自直；白沙在泥，与之皆黑。是故人之相与也，譬如舟车然，相济达也，己先则援之，彼先则推之；是故，人非人不济，马非马不走，土非土不高，水非水不流。君子之为弟也，行则为人负，无席则寝其趾，使之为夫人则否。近世无贾，在田无野，行无据旅，苟若此，则夫杖可因笃焉。富以苟，不如贫以誉；生以辱，不如死以荣。辱可避，避之而已矣；及其不可避也，君子视死若归。父母之仇，不与同生；兄弟之仇，不与聚国；朋友之仇，不与聚乡；族人之仇，不与聚邻。良贾深藏若虚，君子有盛教如无。”

《曾子制言上第五十四》

亲戚不悦，不敢外交；近者不亲，不敢求远；小者不审，不敢言大。故人之生也，百岁之中，有疾病焉，有老幼焉，故君子思其不可复者而先施焉。亲戚既殁，虽欲孝，谁为孝？老年耆艾，虽欲弟，谁为弟？故孝有不及，弟有不时，其此之谓与？

《曾子疾病第五十七》

卫将军文子问于子贡曰：“吾闻夫子之施教也，先以诗；世道者孝悌，说之以义而观诸体，成之以文德；盖受教者七十有余人。闻之；孰为贤也？”子贡对，辞以不知。

孝，德之始也；弟，德之序也；信，德之厚也；忠，德之正也。

孝子慈幼，允德禀义，约货去怨，盖柳下惠之行也。

《卫将军文子第六十》

凡不孝生于不仁爱也，不仁爱生于丧祭之礼不明，丧祭之礼所以教仁爱也。致爱故能致丧祭，春秋祭祀之不绝，致思慕之心也。夫祭祀致馈养之道也，死且思慕馈养，况于生而存乎？故曰丧祭之礼明，则民孝矣。故有不孝之狱，则饰丧祭之礼。

《盛德第六十六》

其少观其恭敬好学而能弟也，其壮观其絜廉务行而胜其私也，其老观其意宪慎强其所不足而不踰也。父子之间观其孝慈也，兄弟之间观其和友也，君臣之间观其忠惠也，乡党之间观其信惮也。省其居处，观其义方；省其丧哀，观其贞良；省其出入，观其交友；省其交友，观其任廉。考之以观其信，挈之以观其知，示之难以观其勇，烦之以观其治，淹之以利以观其不贪，蓝之以乐以观其不宁，喜之以物以观其不轻，怒之以观其重，醉之以观其不失也，纵之以观其常，远使之以观其不贰，迩之以观其不倦，探取其志以观其情，考其阴阳以观其诚，覆其微言以观其信，曲省其行以观其备成，此之谓“观诚”也。

忠爱以事其亲，欢欣以敬之，尽力而不面敬以安人，以故名不生焉，曰忠孝者也。

《文王官人第七十二》

率而祀天于南郊，配以先祖，所以教民报德，不忘本也。率而享祀于太庙，所以教孝也。

《朝事第七十七》

周礼（节录）

以乡三物教万民，而宾兴之。一曰六德，知、仁、圣、义、忠、和。二曰六行，孝、友、睦、姻、任、恤。三曰六艺，礼、乐、射、御、书、数。以乡八刑纠万民，一曰不孝之刑，二曰不睦之刑，三曰不姻之刑，四曰不弟之刑，五曰不任之刑，六曰不恤之刑，七曰造言之刑，八曰乱民之刑。以五礼防万民之伪，而教之中。以六乐防万民之情，而教之和。

师氏掌以媺诏王，以三德教国子：一曰至德，以为道本；二曰敏德，以为行本；三曰孝德，以知逆恶。教三行：一曰孝行，以亲父母；二曰友行，以尊贤良；三曰顺行以事师长。

《地官》

大司乐以乐德教国子，中、和、祗、庸、孝、友，以乐语教国子，兴、道、讽、诵、言、语。

《春官》

左传（节录）

（传三·七）卫庄公娶于齐东宫得臣之妹，曰庄姜，美而无子，卫人所为赋《硕人》也。又娶于陈，曰厉妫，生孝伯，早死。其娣戴妫，生桓公，庄姜以为己子。公子州吁，嬖人之子也，有宠而好兵，公弗禁。庄姜恶之。石碏谏曰："臣闻爱子，教之以义方，弗纳于邪。骄、奢、淫、佚，所自邪也。四者之来，宠禄过也。将立州吁，乃定之矣；若犹未也，阶之为祸。夫宠而不骄，骄而能降，降而不憾，憾而能眕者，鲜矣。且夫贱妨贵，少陵长，远间亲，新间旧，小加大，淫破义，所谓六逆也；君义，臣行，父慈，子孝，兄爱，弟敬，所谓六顺也。去顺效逆，所以速祸也。君人者，将祸是务去，而速之，无乃不可乎？”弗听。其子厚与州吁游，禁之，不可。桓公立，乃老。

隐公三年

（传二·七）夫帅师，专行谋，誓军旅，君与国政之所图也。非太子之事也。师在制命而已，禀命则不威，专命则不孝，故君之嗣適（dí）不可以帅师。

子惧不孝，无惧弗得立。修己而不责人，则免于难。

（传二·七）违命不孝，弃事不忠。

闵公二年

（传二·七）孝，礼之始也。

文公二年

（传六·五）置善则固，事长则顺，立爱则孝，结旧则安。有此四德者，难必抒矣。

文公六年

（传十八·七）先大夫臧文仲教行父事君之礼，行父奉以周旋，弗敢失队，曰：“见有礼于其君者，事之，如孝子之养父母也；见无礼于其君者，诛之，如鹰鹯之逐鸟雀也。”先君周公制周礼曰：“则以观德，德以处事，事以度功，功以食民。”作誓命曰：“毁则为贼，掩贼为藏。窃贿为盗，盗器为奸。主藏之名，赖奸之用，为大凶德，有常无赦。在九刑不忘。”孝敬、忠信为基德，盗贼、藏奸为凶德。

（传十八·七）舜臣尧，举八恺，使主后土，以揆百事，莫不时序，地平天成。举八元，使布五教于四方，父义、母慈、兄友、弟共、子孝，内平外成。

文公十八年

祸福无门，唯人所召。为人子者，患不孝不患无所。敬共父命，何常之有？若能孝敬，富倍季氏可也。奸回不轨，祸涪下民可也。

襄公二十三年

（传二六·十一）礼之可以为国也久矣，与天地并。君令臣共，父慈子孝，兄爱弟敬，夫和妻柔，姑慈妇听，礼也。君令而不违，臣共而不贰；父慈而教，子孝而箴；兄爱而友，弟敬而顺；夫和而义，妻柔而正；姑慈而从，妇听而婉。礼之善物也。

昭公二十六年

（传四·三）《诗》曰：“柔亦不茹，刚亦不吐。不侮矜寡，不畏强御。”唯仁者能之。违强陵弱，非勇也；乘人之约，非仁也；

灭宗废祀，非孝也；动无令名，非知也。

定公四年

尚书（节录）

伊尹拜手稽首曰："修厥身，允德协于下。王懋乃德，视乃厥祖，无时豫怠，奉先思孝，接下思恭。视远惟明，听德惟聪。"

《商书·太甲中》

王若曰："恪慎克孝，肃恭神人，予嘉乃德，曰笃不忘。"

《周书·微子之命》

王曰："封，元恶大憝，矧惟不孝不友。子弗祗服厥父事，大伤厥考心，于父不能字厥子，乃疾厥子，于弟弗念天显，乃弗克恭厥兄，兄亦不念鞠子哀，大不友于弟。惟吊兹，不于我政人得罪，天惟与我民彝大泯乱。"

《周书·康诰》

王若曰："肇牵车牛远服贾，用孝养厥父母。厥父母庆，自洗腆致用酒。"

《周书·酒诰》

王若曰："惟忠惟孝，尔乃迈迹自身。克勤无怠，以垂宪乃后。"

《周书·蔡仲之命》

王若曰："君陈，惟尔令德孝恭。惟孝，友于兄弟，克施有政。"

《周书·君陈》

诗经（节录）

凯风自南，吹彼棘心。棘心夭夭，母氏劬劳。
凯风自南，吹彼棘薪。母氏圣善，我无令人。
爰有寒泉，在浚之下。有子七人，母氏劳苦。
睍睆黄鸟，载好其音。有子七人，莫慰母心。

《邶风·凯风》

肃肃鸨羽，集于苞栩。王事靡盬（gǔ），不能蓺稷黍。父母何怙？悠悠苍天，曷其有所？

肃肃鸨翼，集于苞棘。王事靡盬，不有蓺黍稷。父母何食？悠悠苍天，曷其有极？

肃肃鸨行，集于苞桑。王事靡盬，不能蓺稻粱。父母何尝？悠悠苍天，曷其有常？

《唐风·鸨羽》

四牡骓骓，周道倭迟。岂不怀归？王事靡盬，我心伤悲。
四牡骓骓，啴啴骆马。岂不怀归？王事靡盬，不遑启处。
翩翩者鵻，载飞载下，集于苞栩。王事靡盬，不遑将父。

翩翩者鵻，载飞载止，集于苞杞。王事靡盬，不遑将母。

驾彼四骆，载骤骎骎。岂不怀归？是用作歌，将母来谂。

《小雅·四牡》

维桑与梓，必恭敬止。靡瞻匪父，靡依匪母。不属于毛，不离于里。天之生我，我辰安在？

《小雅·小弁》

蓼蓼者莪，匪莪伊蒿。哀哀父母，生我劬劳。

蓼蓼者莪，匪莪伊蔚。哀哀父母，生我劳瘁。

瓶之罄矣，维罍之耻。鲜民之生，不如死之久矣！

无父何怙？无母何恃？出则衔恤，入则靡至。

父兮生我，母兮鞠我。拊我畜我，长我育我。

顾我复我，出入腹我。欲报之德，昊天罔极！

南山烈烈，飘风发发。民莫不穀，我独何害？

南山律律，飘风弗弗。民莫不穀，我独不卒！

《小雅·蓼莪》

成王之孚，下土之式。永言孝思，孝思维则。

媚兹一人，应侯顺德。永言孝思，昭哉嗣服。

《大雅·下武》

筑城伊淢，作丰伊匹。匪棘其欲，遹追来孝。王后烝哉！

《大雅·文王有声》

威仪孔时，君子有孝子。孝子不匮，永锡尔类。

《大雅·既醉》

有冯有翼，有孝有德，以引以翼。岂弟君子，四方为则。

《大雅·卷阿》

假哉皇考，绥予孝子。

《周颂·雝》

闵予小子，遭家不造，嬛嬛在疚。於（wū）乎皇考！永世克孝。念兹皇祖，陟降庭止。维予小子，夙夜敬止。於乎皇王，继序思不忘！

《周颂·闵予小子》

穆穆鲁侯，敬明其德；敬慎威仪，维民之则。允文允武，昭假烈祖。靡有不孝，自求伊祜。

《鲁颂·泮水》

尔雅（节录）

善父母为孝，善兄弟为友。

《尔雅·释训》

历代论孝语录

出孝入弟，人之小行也；上顺下笃，人之中行也；从道不从君，从义不从父，人之大行也。

《荀子·子道》

孝莫大于宁亲。

汉·扬雄《法言》

曾子立孝，不过胜母之闾所谓养志者也。

《淮南子·齐俗训》

父子也何谓也？父者矩也，以法度教子也；子者孳也，孳孳无已也。

《白虎通·三纲六纪》

孝，善事父母者，从老，省从子，子承老也。

汉·许慎《说文·老部》

仁惟本悌，圣亦基孝。

晋·陶潜《卿大夫孝传赞》

女子之事舅姑也，敬与父同，爱与母同。守之者，义也。执之者，礼也。（第六章·事舅姑）

女子之事舅姑也，竭力而尽礼。（第十二章·广要道）

唐·侯莫陈邈之妻郑氏《女孝经》

女子在堂，敬重爹娘。每朝早起，先问安康。寒则烘火，热则扇凉。饥则进食，渴则进汤。父母检责，不得慌忙。近前听取，早夜思量。若有不是，改过从长。父母言语，莫做寻常。依遵教训，不可强良。（第五章·事父母）

阿翁阿姑，夫家之主。……供承看养，如同父母。（第六章·事舅姑）

唐·宋若莘《女论语》

孝敬者，事亲之本也。养非难也，敬为难。以饮食供奉为孝，斯末矣。孔子曰："孝者，人道之至德。"夫通于神明，感于四海，孝之至也。昔者，虞舜善事其亲，终身而慕；文王善事其亲，色忧满容。或曰："此圣人之孝，非妇人之所宜也。"是不然，孝悌，天性也，岂有间于男女乎？事亲者，以圣人为至。若夫以声音笑貌为乐者，不善事其亲者也。诚孝爱敬，无所违者，斯善事其亲者也。（第十二章·事父母）

妇人既嫁，致孝于舅姑。舅姑者，亲同于父母，尊拟于天地。善事者，在致敬，致敬则严；在致爱，致爱则顺。专心竭诚，毋敢有怠，此孝之大节也，衣服饮食其次矣。（第十四章·事舅姑）

明·明成祖朱棣皇后徐氏《内训》

故致此良知之真诚恻怛以事亲便是孝，致此真知之真诚恻怛以从兄便是弟，致此真知之真诚恻怛以事君便是忠。

明·王阳明《传习录》

人情矜奇好异，非奇非异，难以传远。埋儿事奇，得金事异。以得金而指为埋儿，以埋儿而指为孝。贻名百世，岂非感格之明征乎？然正可为爱子不爱亲者，发其猛省。

清·薛雪《重修汉孝子郭公祠记》

子之贵，父母荣之，如身受也。

清·颜光敏《颜氏家诫》

子孝双亲乐，家和万事兴。

《孔子故里传统对联》

先王之道，莫大于孝；仲尼之教，莫先于孝。

孝者，百行之本，万善之先，自天子至庶人，所不可一日废也。夫孝不可以一日废，则《孝经》亦不可以一日废也。

【日】太宰纯《重刻古文〈孝经〉序》